Brema J.

Variação da precipitação com referência à mudança de uso do solo - Bacia de Noyyal

Brema J.

Variação da precipitação com referência à mudança de uso do solo - Bacia de Noyyal

ScienciaScripts

Cover image: www.ingimage.com

This book is a translation from the original published under ISBN 978-620-2-06223-7.

Publisher:
Sciencia Scripts
is a trademark of
Dodo Books Indian Ocean Ltd. and OmniScriptum S.R.L publishing group

120 High Road, East Finchley, London, N2 9ED, United Kingdom
Str. Armeneasca 28/1, office 1, Chisinau MD-2012, Republic of Moldova, Europe
Printed at: see last page
ISBN: 978-620-8-15747-0

ÍNDICE DE CONTEÚDOS

RESUMO

De todas as condições naturais, a precipitação deve ser considerada como a fundamental no que diz respeito ao progresso da sociedade. A precipitação é um fator agro-climático crucial nas regiões semi-áridas sazonais do mundo e a sua análise é um pré-requisito importante para o planeamento agrícola na Índia. A alteração da utilização dos solos desempenha um papel importante na variação da precipitação. A Índia é um país tropical, o seu planeamento agrícola e a utilização da água dependem da precipitação das monções, mais de 75% da precipitação ocorre durante a estação das monções; a precipitação das monções é irregular tanto no tempo como no espaço, pelo que se torna um fator importante

Os efeitos das alterações da ocupação do solo têm tido um impacto gradual no padrão de precipitação ao longo dos anos. Este estudo centra-se principalmente na avaliação dos impactos das alterações da ocupação do solo na variação da precipitação, utilizando o ArcGIS 10.1 e o ERDAS 8.5. O ArcGIS 10.1 foi utilizado para gerar mapas de uso e cobertura do solo a partir de imagens Landsat TM (Thematic Mapper) e ETM+ (Enhanced Thematic Mapper Plus) adquiridas, respetivamente, em 2000 e 2010. Os mapas de ocupação do solo foram gerados utilizando o Algoritmo de Máxima Verosimilhança de Classificação Supervisionada. Imagens de satélite Landsat de dois períodos de tempo diferentes, ou seja, Landsat Thematic Mapper (TM) de 2000 e 2010, foram adquiridas pelo USGS Earth Explorer e quantificaram as mudanças de uso do solo nas áreas respeitadas. A metodologia de digitalização e geo-referenciação foi empregue utilizando o software ArcGis 10.1. As imagens da área de estudo foram categorizadas em cinco classes diferentes, nomeadamente área construída, vegetação, terrenos agrícolas, massas de água e barras de areia. O efeito da variação da precipitação no nível das águas subterrâneas, no volume de escoamento superficial e na recarga das águas subterrâneas também foi estudado.

1. INTRODUÇÃO

Em geral, os recursos hídricos estão distribuídos de forma desigual, tanto espacial como temporalmente, devido à ocorrência errática das monções e às diversas condições fisiográficas. Ao longo dos anos, o aumento da população, a urbanização e a expansão das actividades industriais agravaram o cenário. A avaliação, gestão e planeamento dos recursos hídricos tornaram-se uma questão importante nas regiões com escassez de água. A alteração do uso do solo tornou-se uma componente central e importante nas actuais estratégias de gestão dos recursos naturais e de monitorização das alterações ambientais. A utilização do solo é um produto das interações entre, por um lado, os antecedentes culturais de uma sociedade, o seu estado e as suas necessidades físicas e, por outro, o potencial natural da terra. Por outro lado, a ocupação do solo é definida pelos atributos da superfície terrestre captados na distribuição da vegetação, da água, do deserto e do gelo e da subsuperfície imediata, incluindo a biota, o solo, a topografia, as águas superficiais e subterrâneas, e inclui também as estruturas criadas exclusivamente por actividades humanas, como a exposição a minas e a colonização.

O desenvolvimento urbano é um processo contínuo que acompanha a explosão demográfica. Este processo cria impactos positivos e negativos no ambiente, mas as actividades de desenvolvimento sem um planeamento adequado conduzem sempre a efeitos negativos. As questões ambientais associadas ao desenvolvimento urbano tendem a ser as mesmas tanto nos países em desenvolvimento como nos países desenvolvidos. Actividades como a criação de parques de estacionamento, a construção de edifícios e estradas continuam a aumentar à medida que a taxa de urbanização aumenta diariamente. Estas actividades alteraram drasticamente a face da paisagem até um estado irreversível. Se este tipo de expansão urbana continuar ao mesmo ritmo, causará a destruição dos preciosos habitats à superfície da terra. Estas alterações provocaram a perda de terras agrícolas, zonas húmidas, etc., levando a alterações nos ecossistemas.

As alterações climáticas são provocadas pelos gases com efeito de estufa (GEE), como o dióxido de carbono (CO_2), o metano (CH_4) e muitos outros, que dominam o forçamento da radiação do sistema climático. O aquecimento do sistema climático é unívoco e a maior parte do aumento observado na temperatura média global desde meados do século XX deve-se muito provavelmente ao aumento das concentrações antropogénicas de GEE (Barker et al., 2007). É importante saber que a significância estatística da variabilidade climática pode permitir a deteção de alterações climáticas na bacia. Como tal, as alterações climáticas referem-se a uma mudança no estado do clima que pode ser identificada (por exemplo, utilizando testes estatísticos) por alterações na média e/ou na variabilidade das suas propriedades, e que persiste por um período alargado, tipicamente décadas ou mais (Barker et al., 2007). De acordo com o Quinto Relatório de Avaliação (AR5) do Painel Intergovernamental sobre as Alterações Climáticas (IPCC), as provas de aquecimento nas regiões terrestres, consistentes com as alterações climáticas antropogénicas, aumentaram (Pachauri et al., 2014), incluindo África. As alterações da precipitação podem afetar positiva ou negativamente a evaporação na bacia, com o correspondente efeito no caudal do rio. As alterações da precipitação podem também afetar diretamente o caudal dos rios. (Conway et al., 2009) estudaram a variabilidade da precipitação e dos recursos hídricos na África Subsariana durante o século XX. A sua análise das relações precipitação-escoamento revela um comportamento variável, incluindo relações fortes mas não estacionárias, particularmente na África Ocidental, sendo a precipitação responsável por cerca de 60%-70% da variabilidade do caudal dos rios. As alterações na utilização dos solos e o seu impacto na agricultura são importantes para a análise dos problemas que os agricultores enfrentam para fazer face à agricultura de sequeiro. (Logah et al., 2013) analisaram o padrão de precipitação no Gana, mostrando a distribuição de precipitação alta e baixa no país. Os seus resultados mostraram que, entre o período de 1981-2010, se registou um declínio geral na precipitação média anual, com as precipitações elevadas a deslocarem-se para o canto sudoeste do país. Consequentemente, o potencial de produção agrícola no norte do Gana é diminuído pela elevada variabilidade da precipitação, enquanto os totais de precipitação média anual em todas as zonas agro-ecológicas registaram um declínio na precipitação (Owusu & Waylen, 2009). Vários estudos, tais como: (Amsalu et al. 2007; Bewket e Abebe 2013a; Getachew e Melesse 2012; Tegene 2002) mostram que a pressão para transformar terras marginais cobertas de árvores e arbustos em terras de cultivo é comum na Etiópia. Ao analisar as mudanças mais especificamente no Sul de Wollo, estudos anteriores mostram que a percentagem de terra cultivada não mudou significativamente durante as últimas décadas, mas a população aumentou (Amsalu et al. 2007; Asmamaw et al. 2011; Tegene 2002; Tekle e Hedlund 2000). A análise de tendências é amplamente utilizada para analisar variáveis hidrológicas, como o caudal e a precipitação. Por exemplo, a análise de tendências a longo prazo da precipitação no Pacífico asiático foi efectuada por Xu *et al.* (2005). Um modelo hidrológico regional de base física (RegHCM-PM) da Malásia Peninsular foi utilizado para quantificar o impacto do fluxo de água no solo, do fluxo de calor no solo, da evapotranspiração, do fluxo de calor sensível, da radiação de ondas curtas e longas e da topografia (ou seja, topografia íngreme) no clima da Malásia Peninsular (Shaaban, 2008). Nos últimos anos, tem sido dada atenção à forma como as alterações na utilização dos solos podem afetar a resposta hidrológica. O aumento da população, bem como a urbanização, podem contribuir para o desenvolvimento (ou seja, zonas residenciais e industriais) na planície aluvial. Em Kelantan, a taxa de urbanização entre as décadas de 1970 e 1990 foi de 7%, mas abrandou na década de 2000 para 1,4% (Hassan, 2004), revelando que ocorreram alterações substanciais na utilização dos solos na zona. É importante estudar a forma como essas alterações podem afetar o caudal dos cursos de água e as respostas hidrológicas. As alterações do uso do solo devidas às actividades humanas podem influenciar processos hidrológicos como a evapotranspiração e a infiltração (Wooldridge *et al.*, 2001). A desflorestação pode provocar aumentos do caudal superficial e fluvial devido a uma menor capacidade de evapotranspiração (Niehoff *et al.*, 2002). Em contrapartida, a urbanização pode levar a uma maior superfície impermeável (por exemplo, pavimentos, estradas, parques de estacionamento e edifícios) e pode causar um excesso de infiltração quando a baixa infiltração é associada a uma elevada intensidade de precipitação (Chahinian *et al.*, 2005). A integração de RS e SIG foi ainda aplicada para examinar o impacto da alteração do uso do solo nas temperaturas de superfície. Os resultados revelaram uma notável alteração da utilização do solo na área de estudo. A área construída aumentou rapidamente em Ismailia durante o período de 27 anos (Omran et al., 2012). À escala espacial, Omran (2009) desenvolve uma metodologia para melhorar a precisão da cartografia da utilização dos solos na província de Ismailia, no Egito. As inter-relações entre estes dados foram investigadas e o impacto das alterações da utilização/cobertura do solo no ambiente foi claramente revelado. A análise conseguiu revelar as causas socioeconómicas da alteração da utilização/cobertura do solo. As conclusões iniciais sugerem que um aumento do rendimento pessoal provocou um aumento correspondente do desenvolvimento residencial à custa da floresta e das terras agrícolas, o que, por sua vez, provocou um aumento do efeito de ilha de calor urbana. Através da utilização de uma sequência de animação dos mapas de uso/cobertura do solo, os processos de desenvolvimento urbano em Atlanta ao longo do tempo foram apresentados de forma vívida (Lo et al., 2004). As alterações do uso/cobertura do solo afectam os recursos hídricos principalmente através da interceção da vegetação, da evapotranspiração, do escoamento superficial, da infiltração na superfície, do estado de humidade do solo, etc., afectando assim o processo de hidrologia das bacias hidrográficas e os ciclos dos recursos hídricos [12-14] (Shi Xiaoliang et al., 2014). Além disso, o aumento da temperatura no nordeste da China levou a um aumento anual acumulado, o que proporciona condições climáticas favoráveis para as florestas e pastagens recuperadas nas grandes regiões áridas [11]. Deste modo, as alterações climáticas, as condições dos recursos hídricos e as alterações da utilização/cobertura do solo influenciam-se mutuamente. Vários estudos propuseram abordagens para separar os impactos das alterações do uso do solo e da variabilidade climática no caudal dos cursos de água (Li et al., 2012; Wang, 2014). As abordagens podem ser classificadas, em termos gerais, como empíricas e baseadas em processos. Os métodos empíricos propostos baseiam-se na elasticidade climática (Schaake, 1990) e testam a sensibilidade do caudal às alterações dos factores climáticos (Ma et al., 2010). Os métodos baseados na elasticidade podem ainda ser classificados em métodos não paramétricos e métodos baseados no balanço hídrico (Sun et al., 2014). Os métodos não paramétricos baseados na elasticidade são abordagens empíricas que utilizam relações lineares derivadas de dados históricos a longo prazo (Schaake, 1990; Sankarasubramanian et al., 2001; Zheng et al., 2009; Ma et al., 2010). A maior parte dos métodos de elasticidade baseados no balanço hídrico (Dooge et al., 1999; Arora, 2002; Wang e Hejazi, 2011; Roderick e Farquhar, 2011) baseiam-se no conceito do quadro de Budyko (Budyko, 1974) do orçamento hídrico-energético da bacia hidrográfica (Sun et al., 2014). Neste estudo, utilizámos a abordagem do orçamento hídrico-energético da bacia hidrográfica para separar a contribuição da variabilidade climática e das alterações do uso do solo na descarga do rio Nyangores; o rio é um afluente do rio Mara transfronteiriço na África Oriental. Ao longo da bacia hidrográfica do rio Mara, os usos concorrentes da terra e as actividades socioeconómicas nas cabeceiras têm sido responsabilizados pelas mudanças no seu regime hidrológico (Gereta et al., 2009; Mati et al., 2005, 2008; Dessu e Melesse, 2012). Tem havido uma desflorestação significativa e conversão para a agricultura nas regiões a montante da bacia do rio Mara (Mutie et al., 2006).

2. ÁREA DE ESTUDO

2.1 Introdução à bacia

O Cauvery é um dos principais rios da Índia peninsular, estendendo-se pelos Estados de Kerala, Karnataka e Tamilnadu. O rio Noyyal é um dos afluentes do rio Cauvery. O rio Noyyal nasce nas colinas Vellingiri dos ghats ocidentais e atravessa o distrito de Coimbatore (taluques de Coimbatore Sul, Palladam e Tiruppur), o distrito de Erode (taluques de Perundurai, Kangeyam e Erode) e o distrito de Karur (taluque de Aravankurichi) no Estado de Tamil Nadu, juntando-se ao rio Cauvery em Kodumudi, distrito de Karur. O rio corre ao longo de uma distância de 175 km de oeste para leste, com uma largura média de 25 km. A sua largura máxima é de cerca de 35 km. A área total da bacia é de 3138,2 km^2 , o que constitui 3,7% da bacia do Cauvery. A bacia do Noyyal subdivide-se nas sub-bacias do Vanathangarai, do Alto Noyyal e do Baixo Noyyal. A bacia do rio Noyyal está situada entre 10° 56' e 11° 19' de latitude norte e 76° 41' e 77° 56' de longitude leste e insere-se nas folhas topográficas 58A, 58B, 58E e 58F do Survey of India. A nossa área de estudo inclui partes dos distritos de Karur, Coimbatore e Erode, em Tamil-Nadu, na Índia, como mostra a Fig.1.

A bacia do Noyyal pode ser classificada como "tipo folha" com base na sua forma e no padrão do curso de água. O rio nasce a uma altitude de cerca de 1800 m na zona de Pattivasal, nas colinas de Vellingirimalai e Periyakunjiramalai, localizadas em Coimbatore Taluk, no distrito de Coimbatore. A elevação na foz do rio Noyyal no Cauvery é de cerca de 150 m. Este rio junta-se ao rio Cauvery cerca de 72 km abaixo da barragem de Mettur. A bacia tem três sub-bacias: Vanathangarai, Upper Noyyal e Lower Noyyal. O rio Noyyal tem sete afluentes principais. Cada um destes cursos de água tem um número de cursos de primeira e segunda ordem. Os principais afluentes da bacia do rio Noyyal são Koduvaipudi Odai, Mullurambu Odai, Mundanthurai Odai, Irruttupallam Odai, Sundaram Odai, Pachaan Vaikal e Kanchima Nathi. Todos estes cursos de água e os seus cursos de ordem inferior começam no sopé dos Ghats Ocidentais.

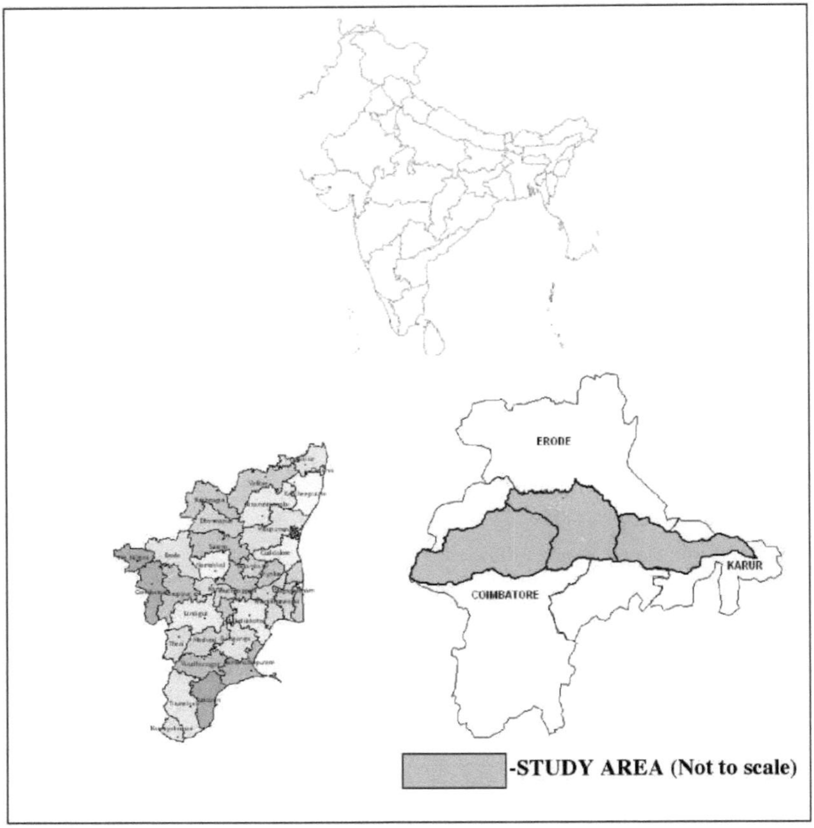

ERODE

COIMBATORE

KARUR

-STUDY AREA (Not to scale)

Fig. 1. Mapa de localização da bacia hidrográfica do rio Noyyal

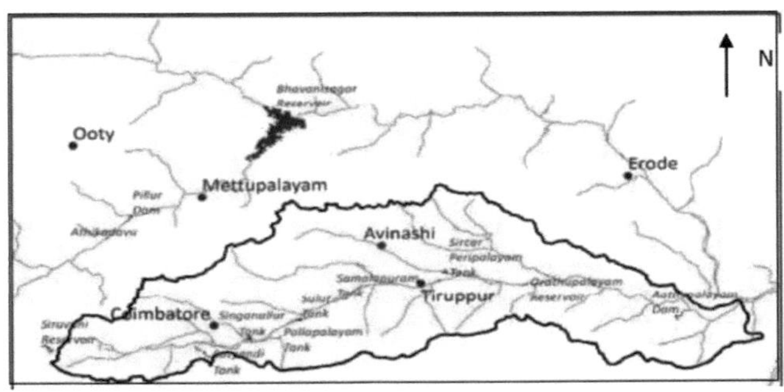

Fig. 2. Bacia do rio Noyyal (Fonte: WRO, PWD, Coimbatore)

2.2 Anaicutes da bacia do Noyyal

F ara efeitos de irrigação, foram construídos 23 grandes anaicuts no rio Noyyal durante vários períodos no passado. O quadro 1.1 apresenta os pormenores dos anaicuts construídos ao longo do rio Noyyal.

Tabela 1. Anaicutes e Áreas Irrigadas na Bacia

Sl.No.	Name	Irrigated area (acres)
1.	Chitraichavadi anaicut	3858
2.	Kuniamuthur anaicut	2093
3.	Coimbatore anaicut	2559
4.	Kurichi anaicut	509
5.	Vellalore anaicut	617
6.	Singanallur anaicut	1318
7.	Ottarpalayam anaicut	822
8.	Irugur anaicut	409
9.	Sulur anaicut	705
10.	Rasipalayam anaicut	320
11.	Madappur anaicut	101
12.	Samalapuram anaicut	155
13.	Karumathampatti anaicut	68
14.	Pallapalayam anaicut	118
15.	Semmandampalayam anaicut	91
16.	Akkiraharapudur anaicut	Damaged
17.	Mangalam anaicut	205
18.	Andipalayam anaicut	Damaged
19.	Tirupur anaicut	50
20.	Mannarai anaicut	59
21.	Mudalipalayam anaicut	170
22.	Anaipalayam anaicut	132
23.	Kathankanni anaicut	225

Para além destas barragens, foram construídas as barragens de Neeli e Pudukkadu sobre o rio Kanchimanathi, o primeiro grande afluente, para irrigar 1555 hectares. As barragens de Agrahar Puduppalayam e Thamaraikulam foram construídas sobre o rio Nallar e irrigam 554,92 acres. O rio Noyyal constitui o limite sul da cidade de Coimbatore e actua como um importante curso de drenagem que transporta as descargas de águas pluviais. Os lagos artificiais situados dentro e à volta da cidade são sistemas únicos de drenagem pluvial, interligados, concebidos e mantidos há centenas de anos. A maior parte destes lagos situa-se na parte sul da cidade, que acaba por desaguar no rio Noyyal. Estes lagos são cruciais para a água potável e a agricultura da região. No entanto, nos últimos tempos, apesar do cultivo em algumas partes, os lagos foram fortemente invadidos, tanto em termos de espaço físico como de funcionamento biológico.

Fig.3. Blocos administrativos da bacia

A bacia de Noyyal é constituída pelos blocos Sulthanpet, Sulur, Avinashi, Annur, Thondamuthur, Madukkarai, P.N Palayam, Sarkarsamakulam, Pongalur, Palladam e Tirupur no distrito de Coimbatore. Os blocos abrangidos no distrito de Erode são os blocos Modakurichi, Kodumudi, Perundurai, Chennimalai, Uttukuli, Nambiyur, Kangeyam, Vellakoil e os blocos abrangidos no distrito de Karur são os blocos Karur e Paramathi. Os blocos abrangidos pela bacia são apresentados na Figura 6.1.

2.3 Topografia e fisiografia

A bacia pode ser classificada como de tipo foliar com base na sua forma e no padrão dos cursos de água. O rio nasce a uma altitude de cerca de 1800 m em Vellingirimalai, no distrito de Coimbatore. A sub-bacia tem um comprimento de 175 km na direção oeste-leste e 25 km de largura na direção norte-sul, com um declive superficial de 1 em 187 de oeste para leste. A maior parte da área é mais ou menos plana,

A região é delimitada pelas cadeias montanhosas dos Ghats Ocidentais e os seus picos variam em altitude entre 1600 e 2600 m acima do nível médio do mar (MSL). A planície que cobre a maior parte da área tem uma altitude entre 130 e 450 m.

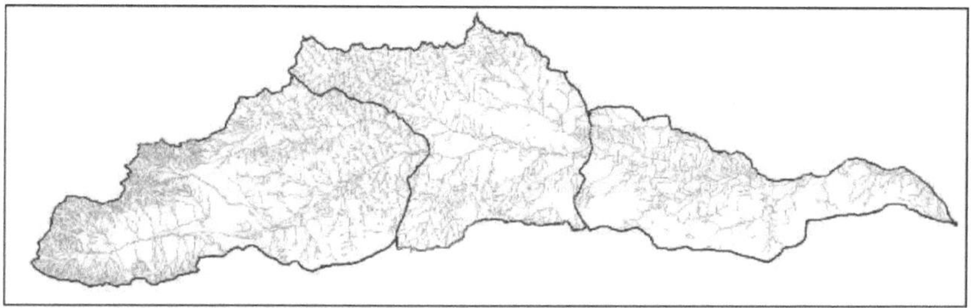

Fig.4. Mapa de drenagem da bacia

2.4 Tipos de solo

A bacia de Noyyal tem quase todos os tipos de solo, que são descritos a seguir:

2.4.1 Solo coluvial

O solo coluvial ocupa a área muito próxima da cadeia montanhosa na parte ocidental da bacia. O depósito coluvial resultou do enchimento do fundo do vale com material de lavagem das colinas. O material de outwash consiste em material rochoso intemperizado, por vezes de origem laterítica. A profundidade do leito rochoso é muito grande. A cor do solo varia entre o vermelho amarelado e o castanho avermelhado. A textura do solo à superfície é franco-arenosa a arenosa e a textura do subsolo é franco-arenosa. Muito perto das colinas existem vários leques aluviais. O pH deste solo situa-se normalmente na gama neutra, ou seja, entre 6,7 e 7,5.

2.4.2 Solo aluvial

Os solos aluviais concentram-se nas planícies aluviais do rio principal Noyyal e também no curso superior do rio. Este solo é não-calcário na parte ocidental e calcário na parte oriental. A cor do solo varia entre o castanho escuro e o castanho escuro amarelado. Por vezes, observa-se mesmo uma cor cinzenta no subsolo. A textura é de franco-arenosa a franco-argilosa e, nalguns locais, encontra-se franco-argilosa. O pH do solo situa-se entre 8 e 8,5.

2.4.3 Solo calcário vermelho médio a profundo

Este tipo de solo ocorre em algumas partes de Coimbatore e na parte oriental da bacia de Noyyal. Em torno de Coimbatore, este solo é constituído principalmente por solo vermelho escuro a castanho avermelhado e vermelho escuro amarelado. A textura do solo à superfície varia entre franco-arenoso e franco-argiloso cascalhento. A principal caraterística deste solo é a presença de uma camada compacta de kankar a uma profundidade que varia entre 50 e 120 cm da superfície.

2.4.4 Solo calcário vermelho raso a médio

Este tipo de solo ocupa grandes áreas nas partes central e oriental da bacia. O solo é de cor vermelha a castanha avermelhada. A textura é maioritariamente franco-arenosa a franco-arenosa cascalhenta. A principal caraterística deste solo é a camada de kankar muito compacta e dura existente por baixo do solo solto. O pH deste solo varia entre 7,6 e 8,5.

2.4.5 Solo vermelho não calcário

Este tipo de solo é observado principalmente nas partes central e norte da bacia. O solo é castanho avermelhado escuro a vermelho escuro. A textura da camada superficial do solo varia entre franco-arenosa e franco-arenosa e a textura do subsolo varia entre franco-argilosa cascalhenta e franco-argilosa. O pH do solo varia de 7 a 8,0.

2.4.6 Solo preto

A terra preta da bacia é de dois tipos. O solo *in situ*, derivado de rochas básicas. Este tipo de solo ocorre em Avinashi e Palladam taluks do distrito de Coimbatore. O solo transportado ocorre na parte norte do taluk de Coimbatore. O solo negro *in situ* é cinzento-escuro a castanho-acinzentado, geralmente profundo a muito profundo e argiloso. O solo negro transportado é vermelho a castanho-avermelhado com uma textura de argila cinzenta escura. O pH do solo varia entre 8,2 e 8,6.

2.4.7 Solo florestal

Este tipo de solo ocorre nas zonas superiores da bacia de Noyyal. A profundidade do solo varia entre o muito raso nas encostas e o muito profundo nos pequenos vales. Este solo tem uma textura muito ligeira de cor vermelha amarelada a castanha acinzentada. Este solo é ligeiramente ácido, com um pH que varia entre 6,4 e 6,7.

2.5 Geologia

A área da bacia é subjacente ao complexo cristalino Archaen, que consiste em hornblenda, biotite gnaisse, charnockites, sienites, granada, sillimanite gnaisse com bolsas de ultrabásicos como dunites, granulites piroxénicas intrudidas por diques de dolerite em alguns locais. O aluvião e o colúvio cobrem estas rochas nas fronteiras ocidentais da bacia na zona de Chinnathadagam e Chitraichavadi, onde a espessura do colúvio varia de 15 a 30 m. No entanto, a sua espessura é superior a 80 m nas partes centrais da zona de Chinnathadagam. Uma vasta gama de rochas metamórficas de alto grau do complexo gnáissico peninsular, que são extensivamente desgastadas e são sobrepostas por material recente de enchimento de vales em alguns locais, está subjacente à área.

2.5.1 Charnockite

A charnockite ocorre numa vasta área da bacia. Nas partes central e oriental, mostra uma estrutura gnáissica fracamente desenvolvida e foi referida como charnockite gnáissica pelo Serviço Geológico da Índia. Também ocorre como corpos lensoidais no interior do gnaisse hornblende-biotite e apresenta contacto gradacional na maioria dos locais.

2.5.2 Hornblenda-biotite Gneiss

O gnaisse hornblende biotite é o tipo de rocha mais comum e predominante na área. A rocha tem um grão médio a grosseiro e uma cor cinzenta esbranquiçada. É altamente fissurada e extensivamente intemperizada. A foliação é bem desenvolvida. Encontram-se frequentemente inclusões de rochas básicas, como anfibolitos e piroxenitos.

2.5.3 Granito

As exposições de granito ocorrem principalmente nas partes central e ocidental da bacia. Apresentam uma cor branca rosada a acinzentada e são geralmente maciços.

2.5.4 Gnaisse de granada-sillimanite

O gnaisse de granada e sillimanite ocorre em associação com granulite calcária e calcários cristalinos nas cadeias montanhosas a sul e sudoeste de Coimbatore, que formam o divisor de águas entre a bacia de Noyyal e a bacia de Ponnani em Anaimalai. A rocha apresenta uma estrutura gnáissica com agregados tablóides de sillimanite, granada e quartzo, com ocasionalmente muscovite e biotite. O granulito calcário que cobre o gnaisse de sillimanite apresenta um aspeto estriado devido a bandas alternadas de minerais de silicato e carbonato.

2.5.5 Sienito

A ocorrência de sienito restringe-se à parte oriental da bacia nas colinas de Sivanmalai e a uma pequena exposição a sul de Padiyur. Ocorre como corpos intrusivos lensoidais no gnaisse foliado de hornblenda-biotite.

2.5.6 Magnetite Quartzito

O quartzito magnetizado ocorre em bandas e está amplamente distribuído nas partes central e oriental da bacia. As bandas raramente excedem 100 m de largura. As cadeias de montanhas Chennimalai-Arachalur, Alagumalai e Elumathurmalai são quase totalmente constituídas por esta rocha. A rocha é composta por camadas alternadas de magnetite e quartzo; cada camada raramente excede alguns centímetros de espessura.

2.5.7 Intrusivos básicos e ultrabásicos

Os corpos intrusivos básicos e ultra-básicos da bacia incluem doleritos, anfibolitos, granulitos piroxénicos, dunitos e periodolitos. Ocorrem como bandas estreitas e corpos lensoidais ao longo dos planos de foliação das rochas do país nas partes leste e nordeste da bacia.

2.5.8 Pegmatite e veios de quartzo

As permeações de pegmatitos e quartzo são comuns em todos os tipos de rochas. Apresentam uma relação concordante e transversal com as estruturas metamórficas das rochas do país.

2.6 Hidrogeologia

Há quatro tipos de aquíferos presentes na bacia. São eles: i) aquífero granular até uma profundidade de 50 m, composto de areia e cascalho, como se vê nos vales de Chinnathadagam e Chitraichavadi; ii) aquífero de rocha fracturada, moderadamente permeável e parcialmente intemperizado, que forma os aquíferos freáticos na maior parte da bacia; iii) aquífero de rocha fracturada altamente permeável, que ocorre em zonas lineares verticais a sub-verticais bem definidas ou fracturas até uma profundidade de 200 m ou mais, que são considerados os aquíferos com maior potencial na área e formam os aquíferos freáticos na sub-bacia e iv) aquíferos de rocha fracturada moderadamente permeáveis, horizontais a sub-horizontais, que ocorrem entre blocos de rochas maciças com as zonas de fracturação que variam em espessura de 7.5m a 82m e a maior parte delas ocorre a uma profundidade de 50 a 150m. A flutuação anual do nível de água observada no aquífero freático varia entre 2m a leste e cerca de 5m a oeste. O valor de transmissividade do aquífero varia entre 0,62m^2 /dia e 496,98m^2 /dia e os valores de armazenamento variam entre $1,13x10^{-2}$ e $9,1x10^{-5}$, o que indica que o aquífero muda de condições não confinadas para semi-confinadas ou confinadas.

2.7 Clima

Na sub-bacia do rio Noyyal predominam três estações, a saber, o verão, de março a abril, a monção, de maio a dezembro, e o inverno, de janeiro a fevereiro. Os dados climatológicos, como a temperatura, a velocidade do vento, as horas de sol brilhante, a evaporação, etc., foram recolhidos no Departamento de Meteorologia da Universidade Agrícola de TamilNadu, Coimbatore. A temperatura máxima mensal normal é de 34,7° C em abril e a temperatura mínima mensal normal é de 19,2° C em janeiro. As temperaturas do solo também indicaram a mesma tendência. A temperatura média mínima do solo foi de 28,1° C em janeiro e a média máxima foi de 35,2° C em abril. A velocidade normal do vento é de 16,3 kmph em junho, o que indica o início da monção de sudoeste na região. O mês de junho registou uma velocidade média do vento de 20,7 km/h; por vezes, ultrapassou também os 40 km/h. O período da monção do nordeste (outubro a dezembro) registou velocidades do vento mais baixas, tendo outubro registado a velocidade mínima do vento de 0,9 km/h. O sol mais brilhante, com 9,5 horas de duração, foi observado em março. Os períodos das duas monções (sudoeste e nordeste) registaram geralmente poucas horas de sol brilhante devido à nebulosidade. Um mínimo de 2,4 horas de sol brilhante é registado durante o mês de junho. A humidade relativa média é elevada durante a estação das monções e comparativamente baixa durante o período não monçónico. No verão, o tempo é seco com baixa humidade. O mês de março registou a humidade relativa mais baixa, 66%, e o mês de novembro registou a humidade relativa mais elevada, 91%.

2.8 Precipitação

A precipitação na bacia de Noyyal é influenciada principalmente pela monção do nordeste, seguida de aguaceiros pré-monção e da monção do sudoeste. Existem 18 estações pluviométricas na bacia e em torno dela. A precipitação média anual na bacia é de 714 mm.

2.9 Utilização do solo

Da área total de 3.138,2 km^2 disponível, cerca de 1.752 km^2 são terras cultiváveis e 187 km^2 constituem áreas florestais, que estão maioritariamente confinadas à parte ocidental da bacia. A restante área é inculturável e inclui terrenos estéreis com afloramentos rochosos com muito pouca cobertura do solo e vegetação, terrenos urbanos, resíduos cultiváveis, que são principalmente áreas de dispersão de água, pastagens permanentes e pastagens. A superfície líquida semeada inclui tanto as culturas de sequeiro como as de regadio. A superfície das terras incluídas nas diferentes categorias é apresentada no quadro 2.

Tabela 2. Pormenores da utilização do solo na bacia de Noyyal

Land use	Area in km^2	Percentage of Total Area
Total forest area	187.00	59.5
Uncultivated area	1199.2	38.21
Cultivated area (net area sown)	1752	55.8

2.10 Padrão de cultivo

Os pormenores sobre o padrão de cultivo seguido na bacia foram recolhidos junto da Direção de Estatística, Chennai e Coimbatore. Verifica-se que, na parte superior da bacia hidrográfica, são cultivadas culturas como o coco, a cana-de-açúcar, a banana, a cebola, os legumes, a noz de areca, a curcuma, as uvas e o milho. No curso médio, são cultivadas culturas como os cereais, sorgo, milho, banana, açafrão, algodão e legumes. No curso inferior do rio Noyyal, as principais culturas cultivadas são o milho, o sorgo, o algodão e o tabaco. Do total da área cultivável na bacia, 48.231,3 hectares estão sob irrigação direta. A restante área é cultivada com culturas de sequeiro e irrigação por elevação. A bacia de Noyyal é deficiente em precipitação e não há água de superfície garantida disponível para irrigação, exceto na parte oriental, onde as águas dos canais dos projectos Lower Bhavani e Parambikulam Aliyar estão disponíveis para irrigação durante 3-4 meses, dependendo da disponibilidade de água nos reservatórios. A irrigação é efectuada principalmente através de poços e a agricultura é a principal vocação da população rural. A irrigação de sequeiro e a irrigação húmida são comuns. As principais culturas são o arroz, o painço, a cana-de-açúcar, o arecanut, a banana, as uvas, o algodão e o amendoim.

3. METODOLOGIA

3.1. Geral

A metodologia consiste na análise da temperatura, análise da precipitação, estimativa das alterações do uso do solo, volume do escoamento superficial, flutuação do lençol freático e recarga das águas subterrâneas. Foram recolhidos dados correspondentes ao período de 2000-2010 para a estimativa das principais componentes. O primeiro passo foi determinar as principais alterações de uso do solo na área de estudo, o que levou ao desenvolvimento de um procedimento de classificação do uso e ocupação do solo. Seguiu-se a verificação da "verdade" no terreno para um determinado tipo de uso do solo com as suas caraterísticas de imagem, o que ajudou a classificar exatamente as imagens e a gerar mapas de uso do solo. Os mapas de uso do solo para os anos 2000 e 2010 foram obtidos através da utilização de imagens LISS III e Landsat adquiridas durante janeiro de 2000 e fevereiro de 2010 para a área de estudo. Os softwares utilizados foram o ArcGIS 10.1 e o ERDAS 8.5. Em seguida, foram obtidos os dados de precipitação, nível freático, rendimento específico do aquífero, tipo de solo, etc.

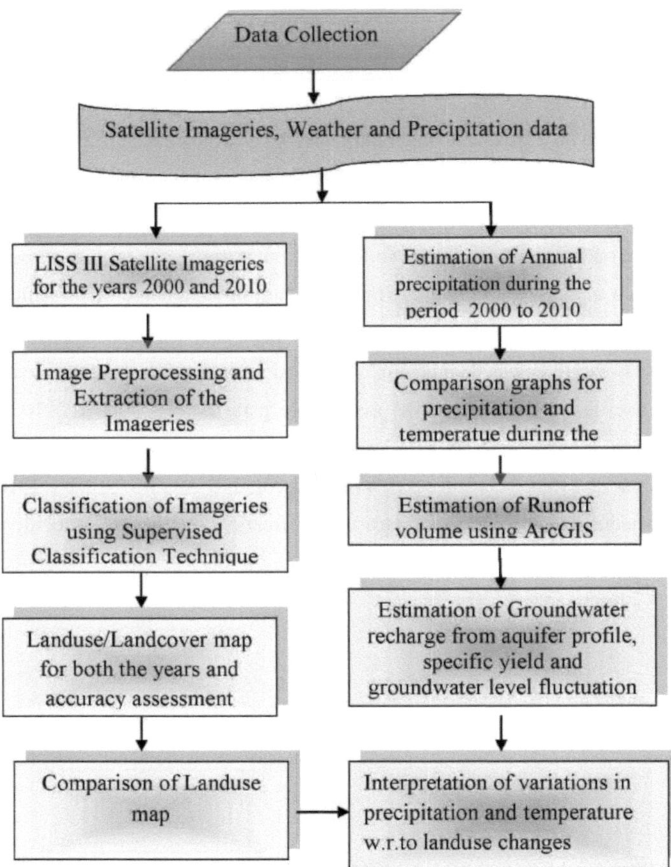

Fig.5. Metodologia

A técnica de classificação supervisionada foi tentada como primeiro passo para identificar e classificar as assinaturas espectrais dos dados de imagens de satélite. O objetivo do procedimento de classificação de imagens é obter dados temáticos sobre a utilização do solo a partir dos dados de imagens digitais. A classificação supervisionada foi executada utilizando os diferentes algoritmos de classificação, apoiados pela interpretação visual e pela aplicação das técnicas de pós-processamento. Foram identificadas amostras de treino para várias classes espectrais. Após a seleção das amostras de treino, foram criados ficheiros de assinatura espetral e o procedimento de classificação foi executado utilizando diferentes métodos e algoritmos. Assim, o passo seguinte consistiu em reduzir os erros de classificação das imagens e melhorar a sua exatidão. Para tal, foi desenvolvido outro procedimento de reclassificação espacial para recodificar os pixéis que foram classificados erradamente. A reclassificação espacial foi implementada utilizando os procedimentos de interpretação de imagens, abordagens baseadas no conhecimento e um conjunto de funções SIG. Estão disponíveis várias técnicas de deteção de alterações para produzir mapas de alterações de uso do solo/cobertura vegetal para uma determinada área de estudo. Os métodos de deteção são os seguintes: Diferenciação de imagens, regressão de imagens, racionamento de imagens, análise de vectores de alteração, alterações de índices de vegetação e digitalização manual de alterações no ecrã, e análise de componentes principais multi-data. O método de pós-classificação utiliza duas ou mais imagens correspondentes a diferentes datas de aquisição e classifica-as de forma independente. Esta técnica inclui a conversão de duas imagens originais numa nova imagem de banda única ou num conjunto de imagens multibanda para a área de estudo, em que as alterações espectrais têm de ser segregadas. As técnicas de classificação podem ser aplicadas utilizando os métodos de classificação não supervisionada, supervisionada ou uma combinação de ambas as técnicas. No presente estudo, são utilizadas as técnicas de pós-classificação, que identificam as alterações entre as imagens classificadas independentemente e correspondentes a datas diferentes. Posteriormente, os resultados da classificação foram comparados diretamente e a área das alterações foi extraída. É um dos métodos em que as imagens anteriores e as classificadas podem ser comparadas pixel a pixel. Este método de aplicação de técnicas de classificação separadamente para as duas imagens reduz os problemas de padronização das imagens para diferenças atmosféricas e de sensores correspondentes à data de aquisição.

3.2. Geração de mapas de uso do solo

O mapa de utilização dos solos foi obtido a partir de imagens de satélite LISS III correspondentes ao ano de 2002. A imagem Linear Imaging Self-Scanning (LISS) - III da área de estudo foi obtida da National Remote Sensing Agency (NRSA), Hyderabad, para o ano de 2002. Utilizando o software de processamento de imagens, a imagem de satélite foi processada e georreferenciada. A imagem georreferenciada extraída utilizando o contorno da bacia é apresentada na Figura 6. Esta imagem extraída foi classificada utilizando o método de classificação supervisionada. O procedimento de classificação adotado foi a classificação supervisionada. Na classificação supervisionada, a informação de amostragem do levantamento de campo sobre diferentes caraterísticas é fornecida como entrada ao software como conjuntos de treino para classificação. A partir dos conjuntos de treino, são calculados parâmetros estatísticos como a média e o desvio-padrão para posterior utilização no algoritmo de classificação supervisionada. Na classificação de máxima verosimilhança, calcula-se a probabilidade de os valores do pixel de entrada ocorrerem em várias classes e o pixel será atribuído à classe que tiver a probabilidade mais elevada e será rotulado como desconhecido se os valores de probabilidade forem inferiores a um limiar definido. A imagem extraída geo-referenciada utilizando o contorno da bacia é apresentada na Figura 6.6. A imagem classificada é apresentada na Figura 7. A área cultivada, a área residencial, a área rochosa, as massas de água, a área montanhosa e a terra estéril são as várias classes de utilização do solo delineadas a partir dos dados de satélite.

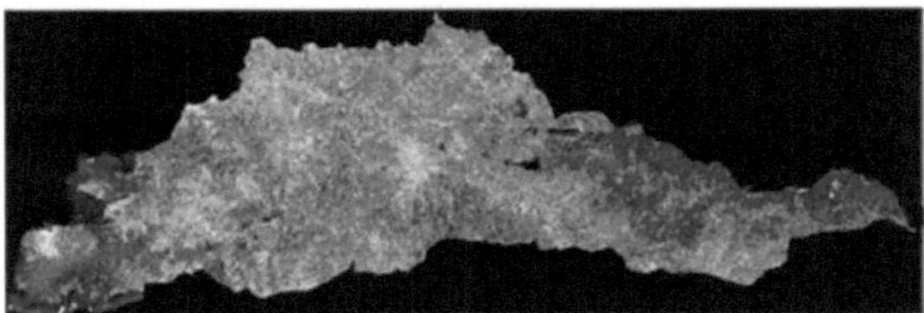

Fig. 6. Imagens de satélite extraídas da bacia

Fig. 7. Imagens de satélite classificadas da bacia

A imagem classificada foi digitalizada e o mapa de uso do solo foi obtido. O mapa de uso do solo da bacia é apresentado na Figura 8. A área calculada da terra estéril e da área residencial utilizando o ArcMap foi de 41,5% e 28,3% da área total da bacia, respetivamente. O resto da bacia é composto por áreas cultivadas, áreas rochosas, áreas montanhosas e corpos de água e a percentagem destas áreas foi de 24,2%, 3,12%, 1,98% e 0,86%, respetivamente. O mapa digitalizado de uso do solo da bacia é apresentado na Figura 8. A maior parte da bacia é classificada como "terra estéril".

Fig.8. Mapa de uso do solo da bacia

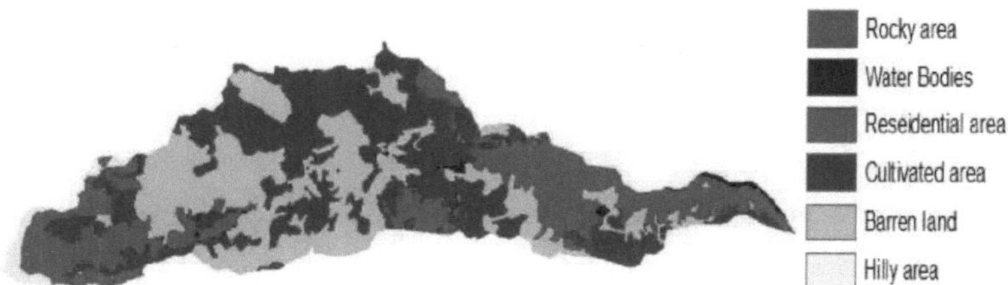

Fig.9. Mapa de uso do solo correspondente ao ano 2000

Quadro 3: Pormenores da utilização do solo para o ano 2000

Class	Type of Land use	Area (Sq. Km)
1	Hilly area	58.5
2	Cultivated area	771.6
3	Water body	1.4841
4	rock	132.05
5	Barren land	1165.98
6	Residential area	1008.9

Quadro 4: Pormenores da utilização do solo para o ano de 2010

Class	Type of Land use	Area (Sq. Km)	Change in area	% of change
1	Hilly area	58.5	0	0
2	Cultivated area	721.3	-50.3	-6.5
3	Water body	0.45	-1.034	-69.6
4	Rock	132.05	0	0
5	Barren land	1089	-76.98	-6.6
6	Residential area	1138.8	129.9	12.8

A bacia tem uma superfície total de 3138,2 km^2 . Os vários tipos de categorias de uso do solo foram comparados para os anos 2000 e 2010. Verificou-se que a área cultivada, as massas de água e os terrenos estéreis diminuíram 6,5%, 69,6% e 6,6%, respetivamente. A área residencial registou um aumento de 12,8%. Isto pode dever-se ao facto de os limites da área da corporação terem sido alargados na corporação de Coimbatore. Do estudo conclui-se que se regista uma diminuição considerável da área das massas de água e dos terrenos estéreis.

3.3 Análise da temperatura e da precipitação

O impacto direto das alterações climáticas reflecte-se na agricultura, uma vez que a temperatura e a precipitação são também alguns dos principais factores de produção agrícola. Isto provoca uma alteração no crescimento económico da região devido às alterações climáticas. O efeito das alterações climáticas pode ser sentido no desequilíbrio causado nos ciclos de nutrientes na região florestal, nas zonas agrícolas e nos ecossistemas. Por exemplo, as alterações da temperatura e da precipitação causarão alterações nos nutrientes e na produtividade biológica devido às alterações hidrológicas. O impacto da precipitação é elevado nas alterações do crescimento vegetativo nas regiões florestais e nas zonas cultivadas dentro e em redor dos rios. O aumento da precipitação conduzirá a um aumento do rendimento e do número de estações de cultivo por ano. As alterações climáticas também causam efeitos adversos, como inundações ou humidade insuficiente para as culturas e a fertilidade do solo.

3.3.1 Precipitação e temperatura (2000 - 2010)

Os vários dados necessários para a análise da precipitação e da temperatura foram recolhidos no Departamento de Climatologia da Universidade Agrícola de Tamilnadu, Coimbatore, para o período de 2000 a 2010. Com base nos dados recolhidos, foram criadas folhas de Excel que destacam os vários aspectos do clima e da precipitação. Os vários dados adquiridos incluem a precipitação, a elevação, a temperatura máxima e mínima e a humidade relativa.

Tabela 5. Estações Pluviométricas na Bacia

Sl.No.	Latitude	Longitude	Name of the Station
1	11°15'00"	76°57'36"	Mettupalayam
2	11°00'36"	77°22'12"	Pongalur
3	10°58'48"	77°12'00"	Palladam
4	11°06'00"	77°20'24"	Tiruppur
5	11°02'24"	78°04'48"	Karur
6	11°10'12"	77°42'00"	Modakurichi
7	11°10'48"	77°36'36"	Chennimalai
8	11°04'12"	77°38'24"	Kangeyam
9	10°57'00"	77°43'12"	Vellakoil
10	10°59'24"	76°50'24"	Thondamuthur
11	11°19'48"	77°38'24"	Erode
12	10°57'00"	77°55'12"	Aravankurichi
13	11°24'36"	77°30'00"	Sathyamangalam
14	10°48'36"	77°22'48"	Dharapuram
15	10°21'00"	76°31'12"	Sarkarpathi
16	10°57'00"	78°15'36"	Krishnarayapuram

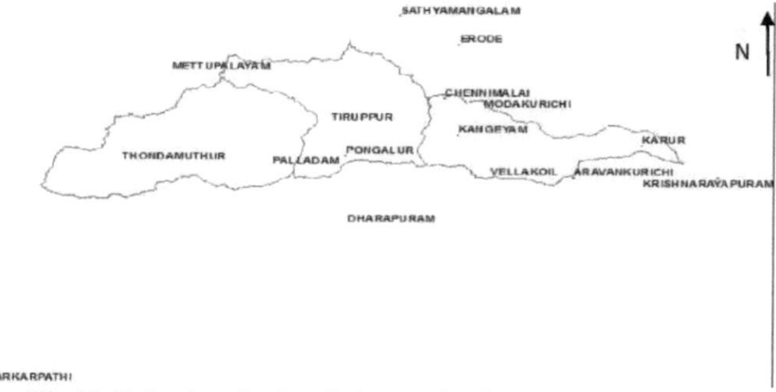

Fig.10. Estações pluviométricas na bacia

A Fig. 11 mostra as variações da precipitação média anual na bacia de Noyyal durante o período de estudo.

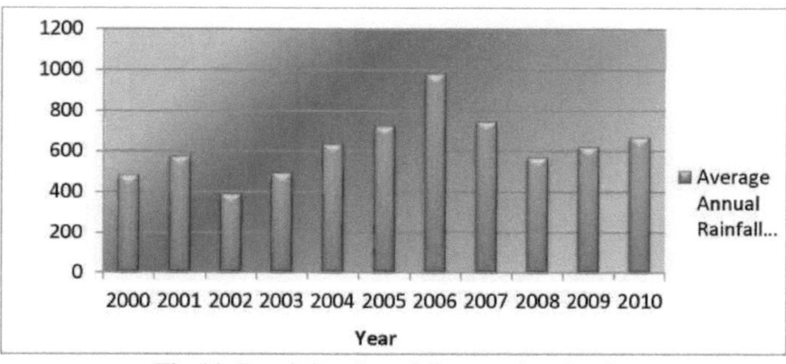

Fig.11. Precipitação média anual na bacia

3.4 Estimativa do volume de escoamento superficial

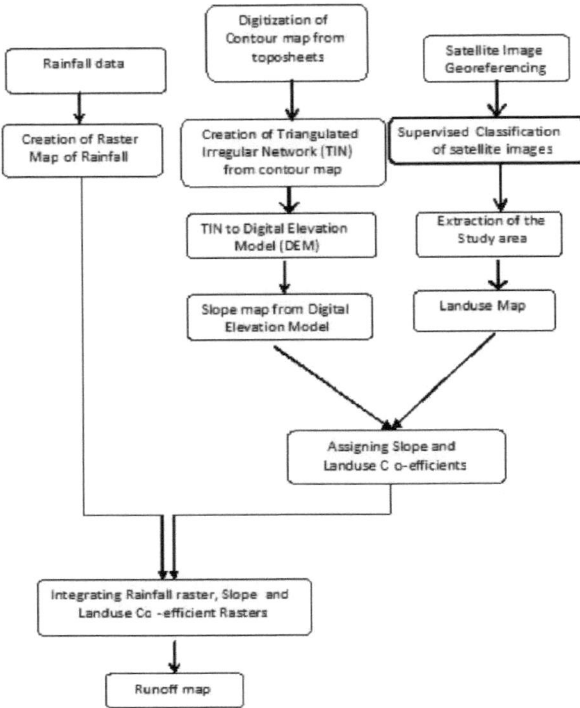

Fig.12 Fluxograma para a estimativa do escoamento superficial

O primeiro passo no processo de estimativa do escoamento superficial é a criação de um mapa raster de precipitação a partir de dados de precipitação. O passo seguinte é a criação de um mapa de coeficientes de inclinação. O mapa de declives tem de ser obtido a partir das curvas de nível das toposheets do Survey of India. As curvas de nível foram digitalizadas e convertidas para o formato Triangulation Irregular Network (TIN) utilizando o software ArcGIS 10.1. Em seguida, o mapa TIN foi convertido num modelo digital de elevação (DEM). O Modelo Digital de Elevação é um mapa raster que contém o valor da elevação de cada célula. A partir do DEM, utilizando o ArcMap, foi obtido o mapa Slope. Foram atribuídos valores de coeficiente ao declive e foi obtido o mapa de coeficiente de declive. O passo seguinte consiste em obter o mapa de coeficientes de utilização do solo. A partir da imagem de satélite, o mapa de utilização do solo foi obtido após classificação e extração. Com base na categoria de uso do solo, foram atribuídos coeficientes a cada uso do solo e foi obtido o mapa de coeficientes de uso do solo. Finalmente, os três mapas foram integrados e o escoamento superficial no ponto de saída foi obtido através da soma dos valores do escoamento superficial em cada célula.

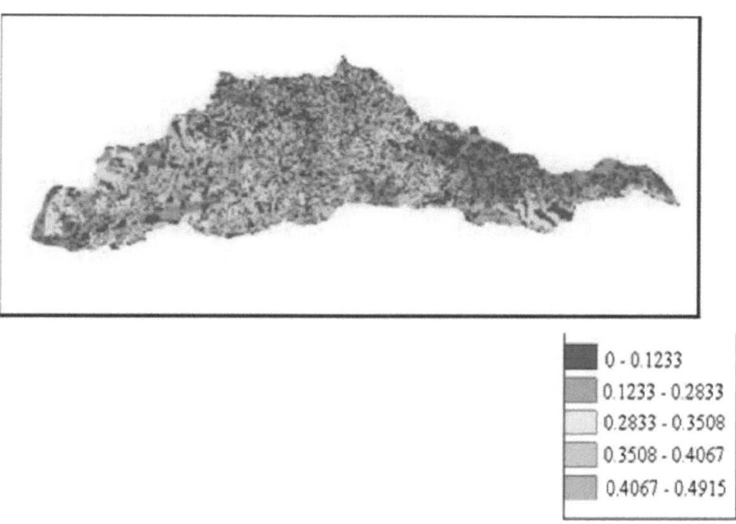

Fig.13 Mapa de escoamento superficial da bacia

Os valores em cada célula do mapa representam o valor do escoamento superficial nessa célula em m. O mapa de escoamento superficial apresentado foi obtido para o valor da precipitação da monção com 75% de fiabilidade com base em dados de 11 anos. O valor médio de todos os anos foi considerado para a estimativa do escoamento superficial. O valor do escoamento superficial para a bacia foi de 596,5 Mm^3 , para a precipitação da monção com 75% de fiabilidade, utilizando o modelo desenvolvido de precipitação-escoamento.

3.5 Estimativa da quantidade de água subterrânea

A quantidade de água subterrânea foi estimada a partir do nível de água, dos valores de rendimento específico e da profundidade dos vários estratos do aquífero. A estimativa da quantidade de água subterrânea foi efectuada utilizando os dados recolhidos para o período de 2000 a 2010. As profundidades do lençol freático antes e depois da monção foram analisadas para estudar as mudanças no nível das águas subterrâneas durante o período de estudo. Foram recolhidos dados sobre o nível da água na bacia e nas suas imediações em 27 locais do centro de dados do Estado dos Recursos Hídricos Subterrâneos e Superficiais, Chennai. A localização dos poços de observação é mostrada na Fig. 15.

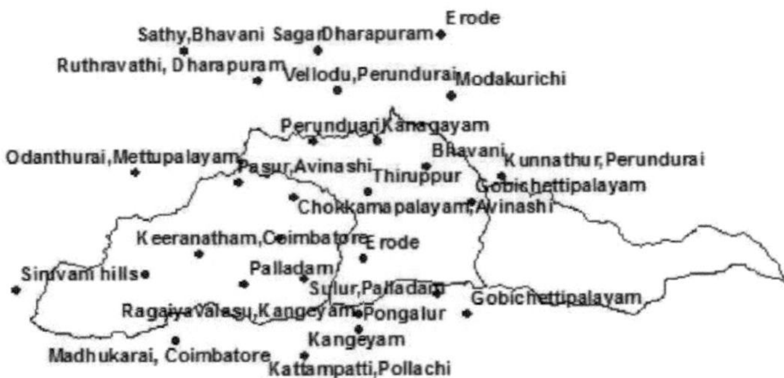

Fig. 15. Localização dos poços de observação

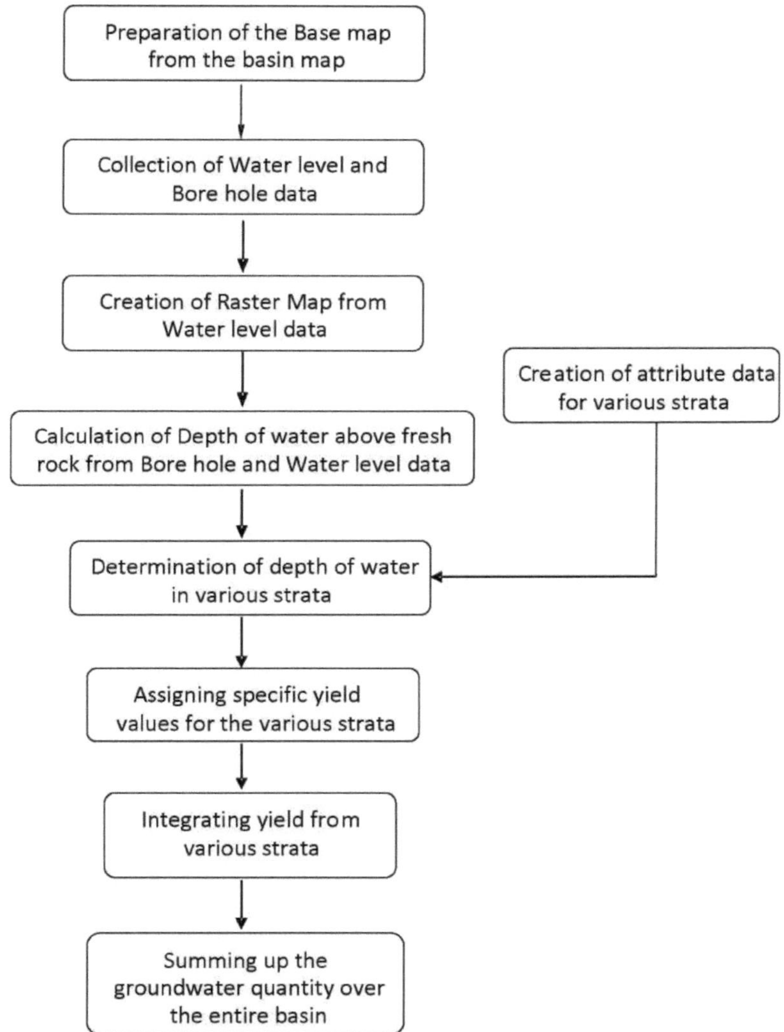

Fig. 14. Metodologia para a estimativa da quantidade de água subterrânea

Os dados relativos ao nível da água antes e depois da monção foram atribuídos aos respectivos poços de observação utilizando o software ArcGIS 10.1 e, com estes dados, os mapas de contorno do nível da água foram preparados utilizando a ferramenta de análise espacial do ArcGIS 1 0.1.

3.5.1 Mapa do nível da água

Assume-se que a rocha fresca é o limite inferior do aquífero. A partir dos pormenores da litologia, pode obter-se a profundidade da rocha fresca abaixo do nível do solo. Da profundidade da rocha fresca a partir do nível do solo, subtraiu-se a profundidade do nível do lençol freático abaixo do nível do solo e obteve-se a profundidade da água acima da rocha fresca. Utilizando este mapa raster de profundidade da água, foram desenhadas as curvas de nível para a profundidade da água. Os mapas de contorno da profundidade da água para o ano de 2005, correspondentes ao sudoeste da pré-monção e ao sudoeste da pós-monção, são apresentados nas Figs. 16 e 17.

A partir do mapa de contorno, verifica-se que a profundidade da água é máxima perto de Sulur. A profundidade da água é a menor perto de Annur.

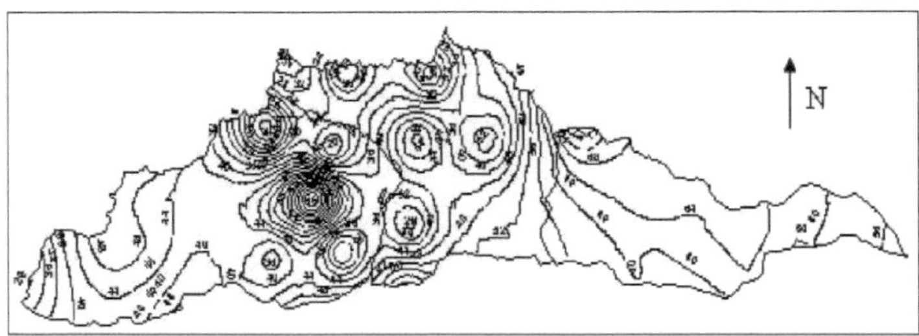

Fig. 16. Mapa de contorno da profundidade da água antes da Monção do Sudoeste, 2005

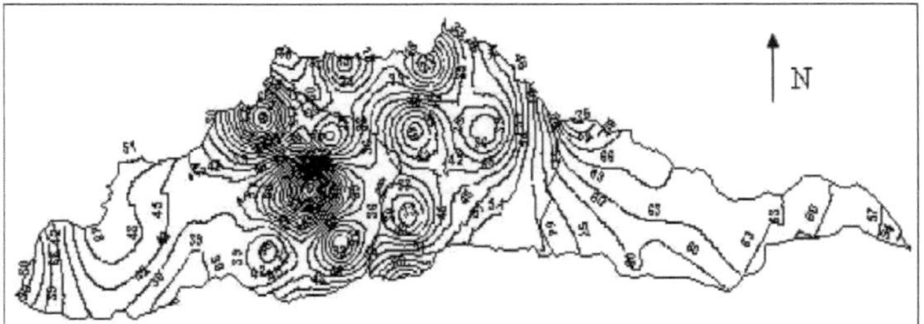

Fig. 17. Mapa do contorno da profundidade da água após a monção do sudoeste, 2005

3.5.2 Litologia do aquífero

Os pormenores litológicos do aquífero para os três distritos (Coimbatore, Erode e Karur) recolhidos no Surface and Groundwater Resources Data Centre, Tharamani, Chennai, foram utilizados para o estudo. Os dados dos furos de sondagem fornecem pormenores sobre a espessura de vários estratos num determinado local. O aquífero é constituído por vários estratos, tais como o solo superficial, o enchimento do vale, a zona altamente meteorizada, a zona meteorizada, a zona parcialmente meteorizada, a rocha fracturada, a rocha articulada, a rocha parcialmente articulada e a rocha fresca. A espessura destes estratos foi indicada como dados de atributos em vários locais do aquífero. A Tabela 6. apresenta a espessura de vários estratos no aquífero em vários locais de sondagem.

A partir da Tabela 6, pode ser visto que estratos como zonas fracturadas e intemperizadas não existem na maioria dos locais. Nestes locais, a profundidade da água nestes estratos foi considerada como zero para efeitos de estimativa da quantidade de água subterrânea. Nalguns locais, os estratos como o preenchimento de vales, a zona meteorológica, etc., são mais numerosos e, por conseguinte, a contribuição destes locais para o potencial de água subterrânea é maior. Os dados de um furo de sondagem típico são apresentados na Fig. 28.

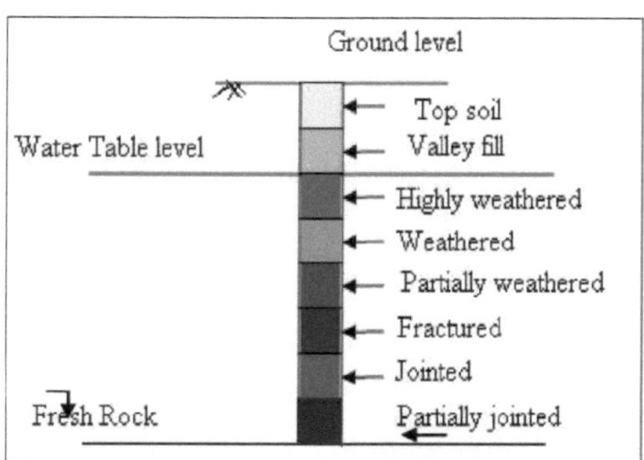

Fig.18. Dados típicos de um furo de sondagem

O procedimento aplicado para a estimativa da quantidade de água subterrânea é apresentado de seguida:

A bacia inteira é dividida em grelhas de 300m x 300m. A profundidade da água em cada estrato é estimada subtraindo o nível do lençol freático da profundidade da rocha fresca abaixo do nível do solo. O mapa raster da profundidade da água assim obtido é apresentado na Fig. 19.

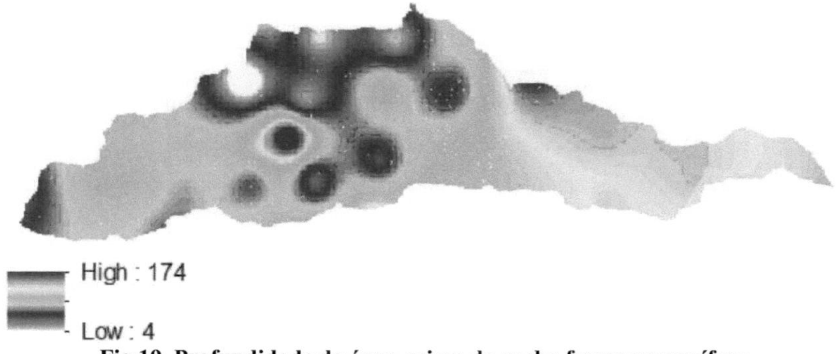

Fig.19. Profundidade da água acima da rocha fresca no aquífero

A cor rosa representa a profundidade da água no intervalo de 77 a 87m acima da rocha e a cor azul clara representa a profundidade da água no intervalo de 2m a 11,4m. Utilizando a profundidade total da água, foram calculadas as profundidades da água nos vários estratos. Os valores de rendimento específico atribuídos para os vários estratos são apresentados na Tabela 6.

Tabela 6. Valores de rendimento específico

Sl.No.	Aquifer strata	Specific Yield
1.	Top soil	0.068
2.	Valley fill	0.00015
3.	Highly weathered zone	0.042
4.	Weathered zone	0.032
5.	Partially weathered zone	0.030
6.	Fractured zone	0.030
7.	Jointed rock	0.025
8.	Partially Jointed rock	0.002

A água subterrânea armazenada em cada célula do aquífero foi calculada multiplicando a profundidade da água em cada estrato pelo rendimento específico correspondente de cada estrato e adicionando o mesmo. Assim, a água subterrânea armazenada em cada célula pode ser calculada utilizando a fórmula abaixo indicada:

$$\text{Groundwater stored in each cell} = \sum_{j=1}^{8} l_{ij} S_{ij} \quad (1)$$

A quantidade total de água subterrânea armazenada no aquífero foi obtida através da integração da quantidade de água subterrânea em todas as células. Assim, a água subterrânea armazenada na bacia foi calculada utilizando a fórmula abaixo indicada:

$$\text{GW} = \sum_{i=1}^{n} a_i \sum_{j=1}^{8} l_{ij} S_{ij} \quad (2)$$

em que "GW" é o total de água subterrânea disponível no aquífero em m^3 , l_{ij} a profundidade da água nos j^{th} estratos da i^{th} célula do aquífero e s_{ij} é o valor do rendimento específico para a célula correspondente nos j^{th} estratos, a_i , é a área da i^{th} célula em m^2 , n é o número de células e j é o número de estratos. O número máximo de estratos na bacia é considerado oito. A quantidade de água subterrânea disponível no aquífero foi estimada antes e depois das monções de sudoeste e nordeste.

O potencial de água subterrânea (GWP) da bacia foi determinado a partir de

GWP = Water available in the basin after monsoon – Water available in the basin before monsoon + Water utilised during the period (3)

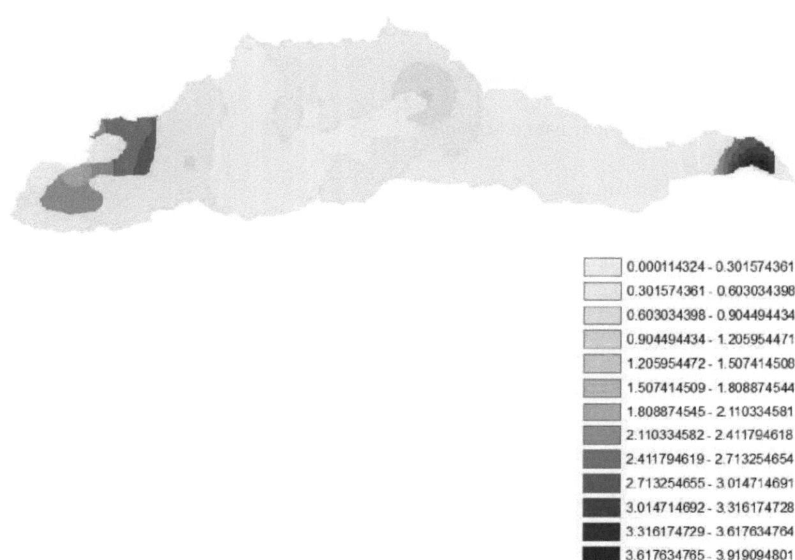

Fig.20. Quantidade de água subterrânea no aquífero antes da Monção do Sudoeste

A quantidade de água subterrânea disponível no aquífero durante o ano de 2005, antes da estação das monções do sudoeste, é mostrada na Fig.20.

4 Resultados e Discussões

4.1 Variações de temperatura e precipitação

São elaborados vários gráficos para o seguinte:

- Temperatura máxima
- Temperatura mínima
- Temperatura global
- Precipitação

4.1.1. Gráficos de temperatura máxima:

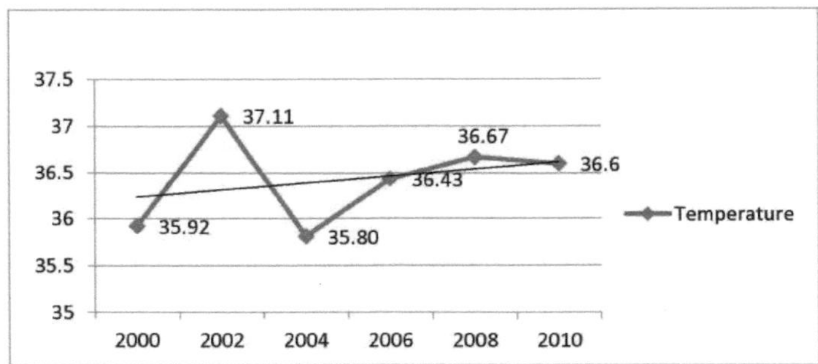

Fig.21 SW Temperatura máxima para o ano 2000 - 2010

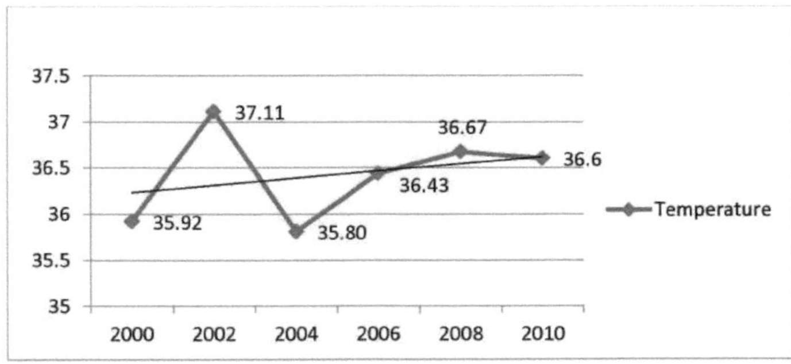

Fig.22. Temperatura máxima do NE para o ano 2000 - 2010

4.1.2 Gráficos de temperatura mínima:

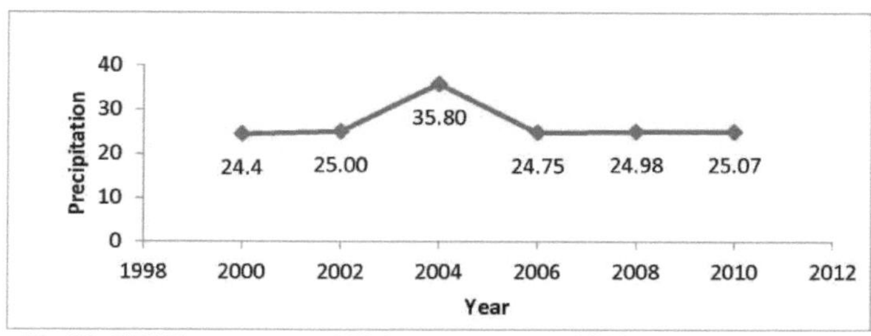

Fig.23. SW Temperatura Mínima para o ano 2000 - 2010

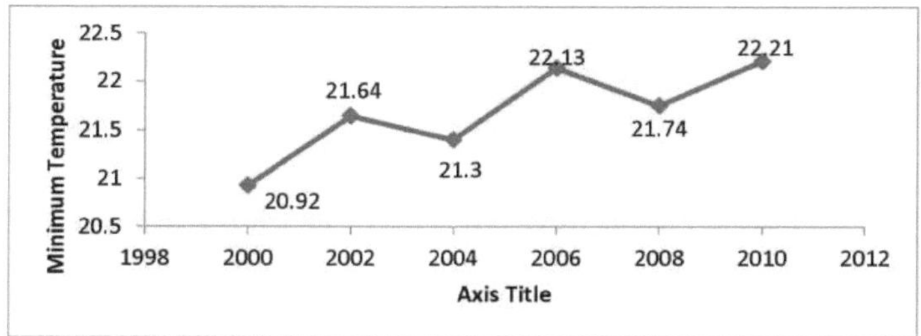

Fig.24. NE Minimum Temperature for the year 2000 - 2010

4.1.3 Gráficos de temperatura global:

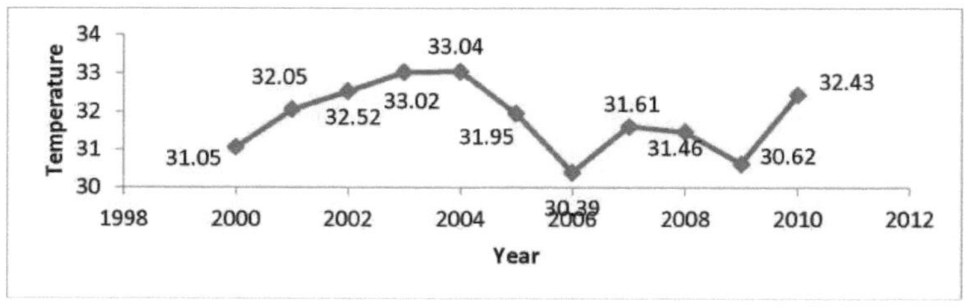

Fig.25. Comparação da temperatura para o mês de janeiro de 2000 - 2010

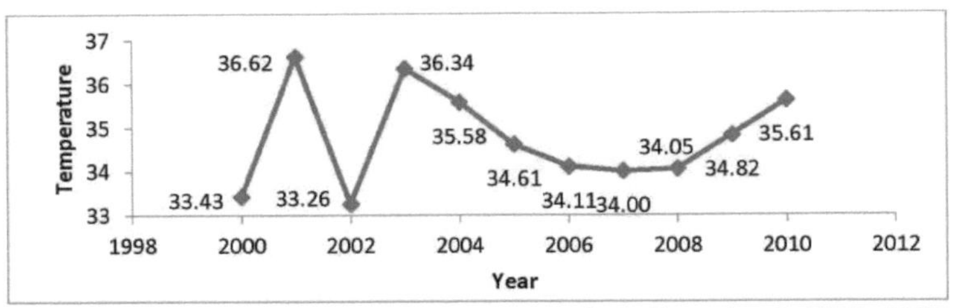

Fig.26. Comparação da temperatura para o mês de fevereiro de 2000 - 2010

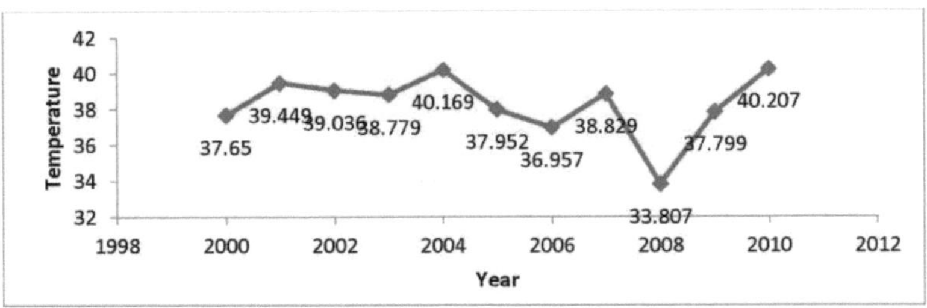

Fig.27. Comparação da temperatura para o mês de março de 2000 - 2010

A partir das Figs. 21-27, pode inferir-se que, estes gráficos mostram que a temperatura durante o mês de janeiro aumentou durante os anos de 2003, 2004 e 2010.

O aumento médio da temperatura durante o período de estudo deve-se à conversão de terras agrícolas/pousios/corpos de água em terras secas e de florestas abertas/arbustos em terras agrícolas e de florestas densas em florestas abertas. Do mesmo modo, o aquecimento durante o período de estudo deve-se ao aumento da área residencial e à diminuição da área de floresta aberta. A análise global conclui que o aquecimento durante o período de estudo se deve à conversão de massas de água/agricultura/arbustos em terrenos secos, de arbustos/outra vegetação/floresta aberta em terrenos agrícolas, de floresta aberta/floresta densa em arbustos/outra vegetação e de floresta densa em floresta aberta. As alterações e transformações do uso do solo são factores determinantes das alterações da biodiversidade às escalas global, nacional e local. A ciência das alterações do uso do solo fundiu-se agora como uma componente central da investigação global, ambiental e de sustentabilidade. Até 2100, o impacto das alterações do uso do solo na biodiversidade será provavelmente mais significativo do que as alterações climáticas e a alteração das concentrações atmosféricas de CO^2 à escala global. A ciência das alterações do uso do solo precisa de desenvolver novas e melhores tecnologias, como a teledeteção por satélite, para caraterizar a terra.

4.1.4 Gráficos de precipitação:

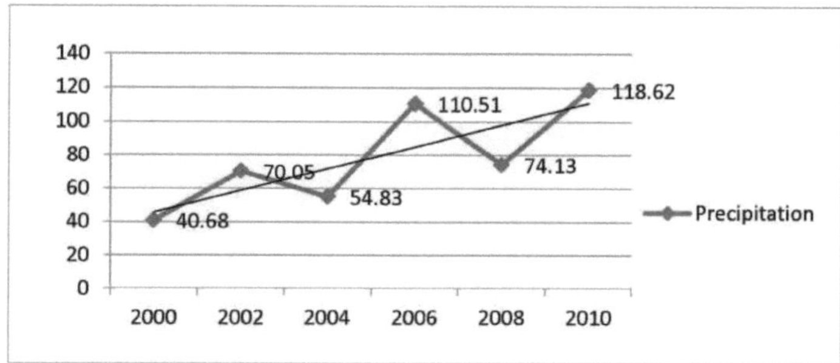

Fig.28. Precipitação SW para o ano 2000 - 2010

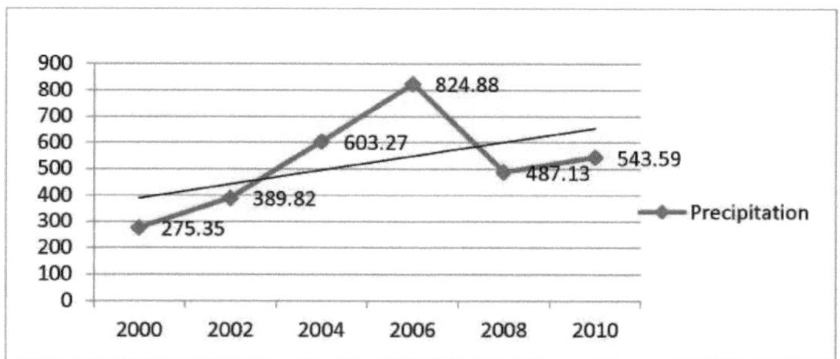

Fig.29. Precipitação no NE para o ano 2000 - 2010

Quando a precipitação é estudada durante o período de estudo, a precipitação média aumentou de 50 mm para 110 mm durante a monção do sudoeste e há um aumento de 250 mm de precipitação na monção do nordeste, como mostram as Figs. 28 e 29. Isto mostra que há um aumento da precipitação, mas é de curta duração e de alta intensidade num curto período, devido ao aumento médio da temperatura. Isto mostra que pode ser efectuado um estudo para estudar a relação entre a precipitação e a recarga das águas subterrâneas na bacia.

Tabela 7: Comparação da precipitação acumulada e do escoamento estimado

Year	Rainfall in mm		Cumulative Rainfall (mm)	Runoff (Mm^3)
	Southwest monsoon	Northeast monsoon		
2000	192.4	287.6	480.0	709
2001	281.9	289.9	571.8	646
2002	266.4	122.6	389.0	524
2003	228.7	263.6	492.3	622
2004	212.5	421.2	633.7	813
2005	251.4	469.2	720.6	899
2006	159.8	818.9	978.7	1174
2007	93	650.7	743.7	906
2008	78	490.3	568.3	738
2009	98.7	519.4	618.1	803
2010	124.7	541.2	665.9	824

A precipitação acumulada durante o período de estudo e o escoamento estimado da bacia correspondente à precipitação acumulada são dados na Tabela 7. A precipitação acumulada foi calculada como a soma dos valores de precipitação durante ambas as monções. Foi elaborado um gráfico com a precipitação acumulada e o escoamento anual, que é apresentado na Fig. 30. O eixo Y representa a precipitação acumulada e o escoamento anual nas respectivas unidades. A correlação entre a precipitação acumulada e o escoamento estimado foi considerada boa. O coeficiente de correlação obtido foi de 0,953.

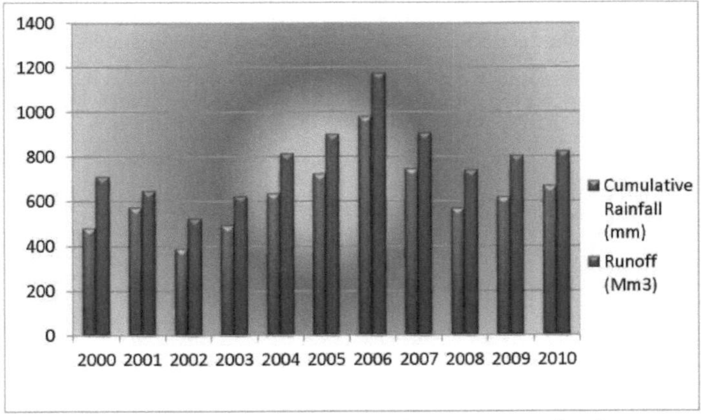

Fig. 30. Precipitação acumulada Vs Escoamento estimado

Tabela. 8. Água subterrânea disponível em Mm^3

Year	Groundwater quantity Stored in the Aquifer in Mm^3		Differen ce	Groundw ater Recharge = Differenc e + IU	Groundwater quantity Stored in the Aquifer in Mm^3		Differe nce	Ground water Rechar ge = Differen ce + IU	Total Rechar ge in Mm^3
	NE Pre-monsoo n	NE Post-monsoo n			SW Pre-monsoo n	SW Post-monsoo n			
2000	4764	4723	-41	545.3	4645	4583	-62	253.7	799
2001	4414	4339	-75	511.3	4464	4663	199	514.7	1026
2002	4559	4357	-202	384.3	4253	4432	179	494.7	879
2003	4609	4505	-104	482.3	4516	4463	-53	262.7	745
2004	4405	4893	488	1074.3	4369	4474	105	420.7	1495
2005	4778	4976	198	784.3	4587	5020	433	748.7	1533
2006	4778	5067	289	875.3	4587	5054	467	782.7	1658
2007	4586	4847	261	847.3	4669	5005	336	651.7	1499
2008	4964	4836	-128	458.3	4873	4892	19	334.7	793
2009	4777	4937	160	746.3	4587	4835	248	563.7	1310
2010	4852	4707	-145	441.3	4544	5067	523	838.7	1280

IU = Water utilised for irrigation

As quantidades de recarga de água subterrânea na bacia durante ambos os períodos de monção foram calculadas a partir da quantidade de água subterrânea disponível durante os períodos de pré-monção e pós-monção e da água subterrânea utilizada para irrigação durante este período. As necessidades de água para irrigação em toda a bacia foram calculadas com base em dados como as necessidades de água das culturas, o padrão de cultivo e as épocas de cultivo. A partir destes pormenores, a água necessária para irrigação durante um período de um ano foi calculada em 902 Mm3. De acordo com o padrão de cultivo na bacia, a necessidade de água para irrigação é maior após a monção do nordeste. Com base nos dados acima referidos, verifica-se que a necessidade de água para irrigação durante a monção do sudoeste é de cerca de 35% da necessidade total e a necessidade durante a monção do nordeste é de cerca de 65% da necessidade total.

4.1.5 Flutuação do nível das águas subterrâneas

As flutuações do lençol freático da área de estudo antes e depois da monção foram analisadas utilizando os dados disponíveis para as localizações dos furos na área de estudo. A profundidade média da água acima da rocha fresca na bacia foi calculada a partir dos dados do lençol freático. As flutuações no nível do lençol freático são mostradas na Tabela 9. durante o período de estudo. A fim de estudar as flutuações do nível freático, a profundidade média do nível freático para o período de estudo foi calculada para todos os poços de observação e foram desenhados gráficos. A Figura 31 mostra a variação da profundidade do nível de água subterrânea antes e depois da monção do nordeste durante o período de estudo. Observa-se que o aumento máximo do nível do lençol freático foi de 3,16 m durante o ano de 2004. A flutuação média do nível de água da bacia varia de 0,7m a 3,16m.

Tabela. 9. Flutuações no lençol freático

Year	Water level below ground level (m)		Water level fluctuation (m)	Water level below ground level (m)		Water level fluctuation (m)
	NE pre-monsoon	NE post monsoon		SW pre-monsoon	SW post monsoon	
2000	17.08	15.48	1.60	15.27	14.04	1.23
2001	17.32	15.84	1.48	17.54	16.54	1.00
2002	18.64	17.94	0.70	16.00	14.31	1.69
2003	18.36	16.88	1.48	17.72	16.51	1.21
2004	18.85	15.69	3.16	16.83	15.41	1.42
2005	16.86	14.71	2.15	15.27	13.16	2.11
2006	13.11	10.24	2.87	12.35	11.48	0.87
2007	16.30	14.18	2.12	14.15	13.93	0.22
2008	17.12	15.16	1.96	15.15	14.94	0.21
2009	17.18	15.15	2.03	13.06	12.83	0.23
2010	17.42	15.28	2.14	14.83	14.29	0.54

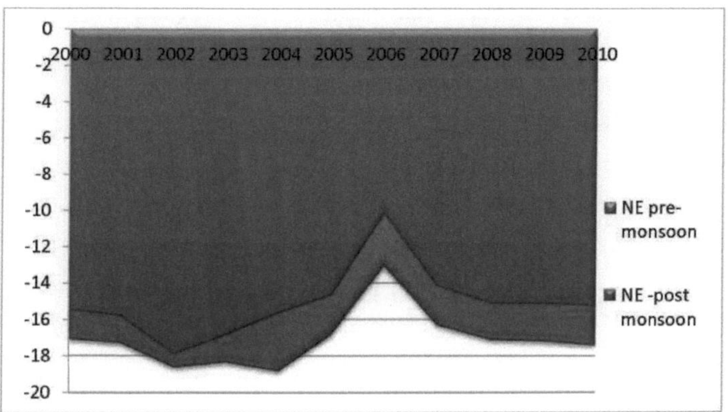

Fig. 31. Variação do nível das águas subterrâneas antes e depois da Monção do Nordeste

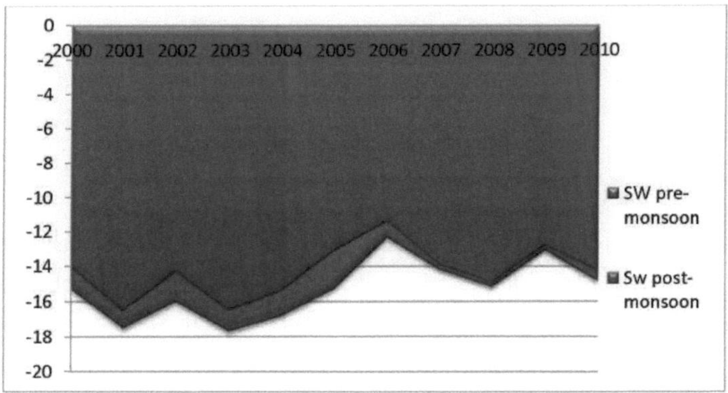

Fig. 32.Variação do nível das águas subterrâneas antes e depois da monção do sudoeste

A Fig. 32 mostra a variação do nível do lençol freático antes e depois da monção do sudoeste durante o período de estudo. Observa-se que há um aumento considerável de 2,11 m no nível do lençol freático durante o ano de 2005. O aumento médio da flutuação do nível da água na bacia varia entre 0,21 m e 2,11 m.

As quantidades de água subterrânea estimadas foram correlacionadas com a precipitação acumulada durante o período da monção e com a flutuação do lençol freático. Os valores da recarga estimada de águas subterrâneas, da precipitação acumulada e da flutuação do nível freático durante a monção são apresentados no Quadro 10.

Tabela. 10. Valores estimados de recarga de água subterrânea em Mm^3

Year	Cumulative Rainfall in mm		Water Table fluctuation in m		Recharge in Mm^3		Total Recharge in Mm^3
	Southwest monsoon	Northeast monsoon	Southwest monsoon	Northeast monsoon	Southwest monsoon	Northeast monsoon	
2000	192.4	287.6	1.23	1.60	253.7	545.3	799
2001	281.9	289.9	1.00	1.48	514.7	511.3	1026
2002	266.4	122.6	1.69	0.70	494.7	384.3	879
2003	228.7	263.6	1.21	1.48	262.7	482.3	745
2004	212.5	421.2	1.42	3.16	420.7	748.2	1495
2005	251.4	469.2	2.11	2.15	648.7	784.3	1533
2006	159.8	818.9	0.87	2.87	243.8	975.3	1219.1
2007	93	650.7	0.22	2.12	112.3	807.3	919.6
2008	78	490.3	0.21	1.96	110.8	658.3	769.1
2009	98.7	519.4	0.23	2.03	114.6	646.3	760.9
2010	124.7	541.2	0.54	2.14	195.6	764.3	959.9

Pode observar-se na tabela que a recarga durante a monção de sudoeste foi a menor durante o ano de 2003 e que a precipitação também foi a menor. Também se deduz da tabela que a recarga durante a monção de nordeste foi a menor para o ano de 2002 e a precipitação também foi a menor. Os valores da recarga das águas subterrâneas, as flutuações correspondentes do nível freático e a precipitação média durante a estação das monções do nordeste para o período de estudo são apresentados na Fig. 33. A precipitação média é a média da precipitação acumulada durante o período da monção para as várias estações na bacia. O gráfico mostra que, com o aumento da flutuação do nível freático e da precipitação, há também um aumento da recarga das águas subterrâneas. A correlação entre a flutuação do nível do lençol freático e a recarga das águas subterrâneas foi de 0,956. O coeficiente de correlação entre a recarga das águas subterrâneas e a precipitação média acumulada da bacia durante o período da monção do nordeste foi de 0,87.

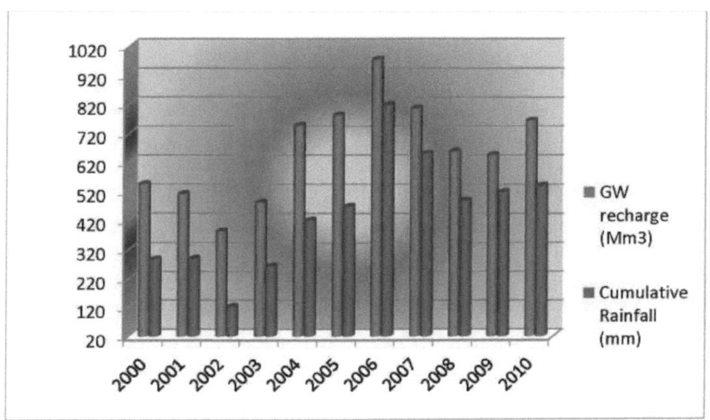

Fig. 33. Flutuação da precipitação média da monção e da recarga das águas subterrâneas durante a monção do Nordeste

Da mesma forma, foi elaborado um gráfico para as variações na recarga das águas subterrâneas, as flutuações correspondentes do lençol freático e a precipitação média durante a estação das monções do sudoeste, que é apresentado na Fig. 34 para o período de estudo. O coeficiente de correlação entre a flutuação do lençol freático e a recarga das águas subterrâneas foi de 0,88. O coeficiente de correlação entre a recarga das águas subterrâneas e a precipitação média acumulada durante o período da monção foi de 0,899.

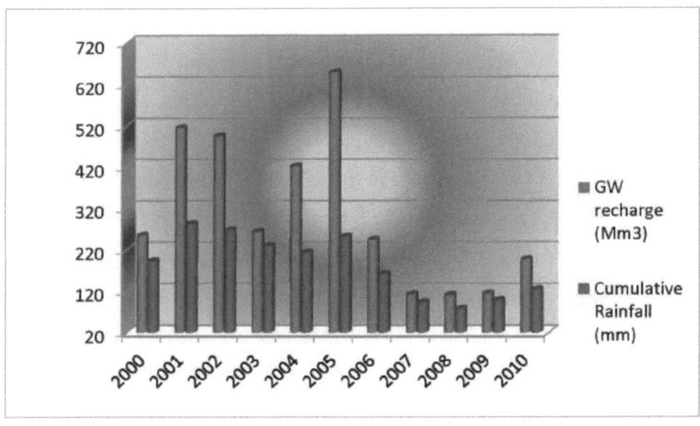

Fig. 34. Flutuação no lençol freático, precipitação média da monção e recarga de água subterrânea durante a monção do sudoeste

5. CONCLUSÕES

Os resultados mostram que a base de dados que contém informações sobre a utilização atual da terra é necessária para várias aplicações, tais como a avaliação da terra, a erosão do solo e a desertificação. As caraterísticas espaciais, temporais e espectrais dos dados de teledeteção são efetivamente utilizadas na cartografia das alterações da utilização e da ocupação do solo no presente estudo, contribuindo assim para a tomada de decisões que permitem a gestão dos recursos terrestres. Esta investigação sugere a existência de limitações que devem ser abordadas no futuro. Em primeiro lugar, a resolução das imagens pode afetar a precisão da classificação e a deteção de alterações nas caraterísticas do terreno. Por exemplo, pode ser difícil distinguir diferentes terrenos agrícolas (por exemplo, culturas, legumes...). Em segundo lugar, neste estudo foram identificados muitos tipos de utilização do solo, mas não foi possível classificá-los em determinadas categorias.

Este trabalho de investigação demonstra a capacidade do SIG e da Deteção Remota na captação de dados espácio-temporais. Tentou-se captar, com a maior exatidão possível, seis classes de ocupação do solo, à medida que estas se alteram ao longo do tempo. Exceptuando a impossibilidade de cartografar com precisão a massa de água, uma vez que o seu tamanho é pequeno, as cinco classes foram produzidas de forma distinta para cada ano de estudo, mas com mais ênfase na terra construída, uma vez que é uma combinação de actividades antropogénicas que constituem esta classe; e, de facto, é uma classe que afecta as outras classes. No entanto, o resultado do trabalho mostra um rápido crescimento das terras construídas entre 2000 e 2010.

As conclusões do presente estudo, juntamente com o atual aquecimento global, indicam que o futuro da Austrália em termos climáticos e ambientais é difícil e que a sua vulnerabilidade às alterações climáticas é motivo de grande preocupação. Em particular, o aumento da frequência e da gravidade da seca e dos incêndios florestais será provavelmente uma grande preocupação no futuro, especialmente para o abastecimento de água, a agricultura, o pastoreio e a vegetação. Uma exploração mais aprofundada das tendências da radiação solar e do seu impacto na vegetação, na utilização dos solos e, especialmente, no abastecimento de água (urbana e rural) proporcionará uma melhor base para gerir e prever o impacto futuro das alterações climáticas na Austrália.

6. REFERÊNCIAS

1. Abebe M (2006) The onset, Cessation and Dry Spells of the Small rainy Season (Belg) of Ethiopia (O início, a cessação e os períodos de seca da pequena estação das chuvas (Belg) da Etiópia). Addis Ababa
2. Amsalu A, Stroosnijder L, Graaff J (2007) Long-term dynamics in land resource use and the driving forces in the Beressa watershed, highlands of Ethiopia. Jornal de Gestão Ambiental 83 (4):448-459
3. Anderson J. R., Hardy E.E., Roach J.T., Witmer R.E., 1976. A Land Use and Land Cover Classification System for Use with Remote Sensor Data. Geological Survey Professional Paper 964, Washington: United States Government Printing Office.
4. Arora, V.K., 2002. The use of the aridity index to assess climate change effect on annual runoff (A utilização do índice de aridez para avaliar o efeito das alterações climáticas no escoamento anual). J. Hydrol. 265, 164-177.
5. Asmamaw L, Mohammed A, Lulseged T (2011) Dinâmica da utilização/cobertura do solo e seus efeitos na bacia hidrográfica do Gerado, no nordeste da Etiópia. Revista Internacional de Estudos Ambientais 68 (6):883-900
6. Barker, T., Davidson, O., Davidson, W., Huq, S., Karoly, D., Kattsov, V. (2007). Climate change 2007: Relatório de síntese. Valência; IPPC .
7. Bewket W Variabilidade da precipitação e produção agrícola na Etiópia Estudo de caso na região de Amhara. In: 16ª Conferência Internacional de Estudos Etíopes, Trondheim, 2009.
8. Chahinian N, Moussa R, Andrieux P, Voltz M. 2005. Comparação de modelos de infiltração para simular eventos de inundação à escala do terreno. Journal of Hydrology 306(14): 191-214.
9. Conway, D.; Persechino, A.; Ardoin-Bardin, S.; Hamandawana, H.; Dieulin, C.; Mahé. G. Rainfall and Water Resources Variability in Sub-Saharan Africa during the Twentieth Century. J. Hydrometeorol. 2009, 10, 41-59.
10. Dooge, J.C.I., Bruen, M., Parmentier, B., 1999. Um modelo simples para estimar a sensibilidade do escoamento superficial a mudanças de longo prazo na precipitação sem uma mudança na vegetação. Adv. Water Resour. 23, 153-163
11. El. E. Omran, "A Proposed Simplified Method to Improve Land-Use Mapping Accuracy," Agricultural Research Journal, Vol. 9, No. 3, 2009, pp. 123132. [Tempo(s) de citação:2]
12. El-Sayed Ewis Omran, Detection of Land-Use and Surface Temperature Change at Different Resolutions, Journal of Geographic Information System, 2012, 4, 189-203.
13. Guo.J.T, Z. Q. Zhang, S. P. Wang, P. Strauss, and A. K. Yao, "Appling SWAT model to

explore the impact of changes in land use and climate on the streamflow in a watershed of Northern China," Shengtai Xuebao/ Ata Ecologica Sinica, vol. 34, no. 6, pp. 1559-1567, 2014.

14. Hartshorn T.A., Muller P.O., 1989. Suburban downtowns and the transformation of metropolitan Atlanta's business landscape. Urban Geography, Vol. 10, pp.375-395.
15. Hassan AAG. 2004. Growth, Structural Change and Regional Inequality in Malaysia (Crescimento, Mudança Estrutural e Desigualdade Regional na Malásia). Ashgate Publishing Ltd: Malásia.
16. Junfeng.C. e L. Xiubin, "Simulation of hydrological response to land-cover changes," Chinese Journal of Applied Ecology, vol. 5, pp. 833-836, 2004.
17. Kasei, R. (2009). Modelação dos impactos das alterações climáticas nos recursos hídricos da bacia do Volta, África Ocidental, número 34. Tese de doutoramento, Erlangung des Doktorgrades (Dr. rer. nat), Mathematisch-Naturwissenschaftlichen Fakulfat, Rheinischen Friedrich-Wilhelms-Universit'at Bonn na Alemanha.
18. Li, H., Zhang, Y., Vaze, J., Wang, B., 2012. Separação dos efeitos das alterações da vegetação e da variabilidade climática utilizando modelação hidrológica e abordagens baseadas na sensibilidade. J. Hydrol. 420-421, 403-418.
19. Liu.J., W. Kuang, Z. Zhang et al., "Spatiotemporal characteristics, patterns, and causes of land-use changes in China since the late 1980s," Journal of Geographical Sciences, vol. 24, no. 2, pp. 195-210, 2014.
20. Lo e Choi, 2004, A hybrid approach to urban land use/cover mapping using Landsat 7 enhanced thematic mapper plus (ETM+) images Inter. J. Rem. Sen., 25 (14), pp. 2687-2700
21. Logah, F., Obuobie, E., Ofori, D., & Kankam-Yeboah, K. (2013). Análise da variabilidade da precipitação no Gana. Revista Internacional de Investigação mais recente em Engenharia e Computação, 1 , 1-8.
22. Manonmani. R e D. S. Mary, "Remote Sensing and GIS Application in Change Detection Study in Urban Zone Using Multi Temporal Satellite," International Journal of Geomatics and Geosciences, Vol. 1, No. 1, 2010.
23. Mutie, S.M., Mati, B., Home, P., Gadain, H., Gathenya, J., 2006. Avaliação dos efeitos da alteração do uso do solo no caudal do rio utilizando o modelo geoespacial de caudal do USGS na bacia do rio Mara, Quénia. In: Actas do 2º Workshop do SIG EARSeL sobre Utilização e Ocupação do Solo, 28-30 de setembro de 2006. Bona, pp. 141-148.
24. Niehoff D, Fritsch U, Bronstert A. 2002. Land-use impacts on storm-runoff generation: scenarios of land-use change and simulation of hydrological response in a meso-scale catchment in SW-Germany. Journal of Hydrology 267: 80-93.
25. Owusu, K., & Waylen, P. (2009, maio). Trends in spatio-temporal variability in annual rainfall in Ghana (1951-2000) [Tendências na variabilidade espácio-temporal da precipitação

anual no Gana (1951-2000)]. Weather , 64 (5), 115-120. Obtido em http:// doi.wiley.com/10.1002/wea.255 doi: 10.1002/wea.255

26. Pachauri, R. K., Allen, M., Barros, V., Broome, J., Cramer, W., Christ, R., . . outros (2014). Alterações climáticas 2014: Relatório de síntese. contribuição dos grupos de trabalho i, ii e iii para o quinto relatório de avaliação do painel intergovernamental sobre as alterações climáticas. IPCC
27. Pece. V.G., "Assessment of Land Use and Land Cover Changes around Ohrid and Prespa Lakes Using Landsat Imagery," BALWOIS, Ohrid, República da Macedónia, 2008.
28. Qiming.Z., L. Baolin e S. Bo, "Modelling SpatioTemporal Pattern of Landuse Change Using Multi-temporal Remotely Sensed Imagery," The International Archives of the Photogrammetry, Remote Sensing and Spatial Information Sciences, Vol. XXXVII, Part B7, 2008.
29. Sankarasubramanian, A., Vogel, R.M., Limbrunner, J.F., 2001. Climate elasticity of streamflow in the United States (Elasticidade climática do caudal nos Estados Unidos). Water Resour. Res. 37 (6), 17711781.
30. Schaake, J.C., 1990. Do clima ao fluxo. Em: Waggoner, P.E. (Ed.), Climate Change and U.S. Water Resources. John Wiley, Nova Iorque.
31. Selguk.R., "Analyzing Land Use/Land Cover Changes Using Remote Sensing and GIS in Rize, North-East Turkey," Sensors, Vol. 8, No. 10, 2008, pp. 61886202.
32. Shaaban AJ. 2008. Climate change for Malaysia scenario. Segunda Conferência Nacional sobre Tempo Extremo e Alterações Climáticas: Understanding Science and Risk Reduction 14-15 de outubro de 2008, Putrajaya.
33. Tegene B (2002) Land-cover/land-use changes in the Derekolli Catchment of the south Welo Zone of Amhare Region, Ethiopia. . Revista de Investigação em Ciências Sociais da África Oriental 18(1):1-20.
34. Wooldridge S, Kalma J, Kuczera G. 2001. Parametrização de um modelo simples semidistribuído para avaliar o impacto do uso do solo na resposta hidrológica. Journal of Hydrology 254: 16-32.
35. Xu ZX, Takeuchi K, Ishidaira H, Li JY. 2005. Long-term trend analysis for precipitation in Asian Pacific FRIEND river basins, Hydrological Processes 19: 3517-3532.
36. Yu.L., Z. Chi, Z. Huicheng, and S. Bicheng, "SWAT model of land use change on runoff research applications," in Chinese Hydraulic Engineering Society China Raw Water Forum Album, p. 4, Chinese Hydraulic Engineering Society, Beijing, China, 2010.
37. Wang, X., 2014. Avanços na separação dos efeitos da variabilidade climática e da atividade humana na descarga dos cursos de água: uma visão geral. Adv. Water Resour. 71, 209218.

38. Zheng, H., Zhang, L., Zhu, R., Liu, C., Sato, Y., Fukushima, Y., 2009. Respostas do fluxo de água às alterações climáticas e da superfície terrestre nas cabeceiras da bacia do rio Amarelo. Water Resour. Res. 45, W00A19.
39. Roderick, M.L., Farquhar, G.D., 2011. Um quadro simples para relacionar variações no escoamento superficial com variações nas condições climáticas e nas propriedades da bacia hidrográfica. Water Resour. Res. 47, W00G07.
40. Budyko, M.I., 1974. Climate and Life. Académico, San Diego, CA.
41. Sun, Y., Tian, F., Yang, L., Hu, H., 2014. Explorando a variabilidade espacial das contribuições da variação climática e da mudança nas propriedades da bacia hidrográfica para a diminuição do fluxo de água em uma bacia de mesoescala por três métodos diferentes. J. Hydrol. 508, 170-180.
42. Gereta, E., Mwangomo, E., Wolanski, E., 2009. A eco-hidrologia como ferramenta para a sobrevivência do ecossistema ameaçado do Serengeti. Ecohydrol. Hydrobiol. 9, 115124
43. Mati, B.M., Mutie, S., Home, P., Mtalo, F., Gadain, H., 2005. Mudanças no uso da terra na bacia transfronteiriça de Mara: A Threat to Pristine Wildlife Sanctuaries in East Africa. 8º Simpósio Internacional do Rio, Brisbane, Austrália, 6-9 de setembro.
44. Dessu, S.B., Melesse, A.M., 2012. Modelação do processo de precipitação-escoamento da bacia do rio Mara utilizando a ferramenta de avaliação do solo e da água. Hydrol. Process. 26, 4038-4049.

Printed by Books on Demand GmbH, Norderstedt / Germany